안 쌤의 사고력

6점도미노 퍼즐

Contents

Unit 01 규칙성
6점도미노 ---- 4
01 6점도미노
02 연결하기 ①
03 연결하기 ②
04 연결하기 ③

Unit 02 수와 연산
연결 퍼즐 ---- 14
01 점의 개수의 합
02 덧셈 연결 ①
03 덧셈 연결 ②
04 덧셈 연결 ③

Unit 03 수와 연산
배열 퍼즐 ① ---- 24
01 점의 개수의 합
02 덧셈 배열 ①
03 덧셈 배열 ②
04 덧셈 배열 ③

Unit 04 수와 연산
식 만들기 ---- 34
01 덧셈과 뺄셈
02 덧셈식 만들기
03 뺄셈식 만들기
04 가장 크게

부록

※ 6점도미노(103쪽), 주사위의 전개도(105쪽)를 학습에 활용해 보세요.

Unit 05 수와 연산

배열 퍼즐 ② 44

01 세 수의 합
02 덧셈 배열 ①
03 덧셈 배열 ②
04 마방진

Unit 06 수와 연산

배수 54

01 배수 알아보기
02 2의 배수
03 3의 배수
04 9의 배수

Unit 07 도형

주사위 전개도 64

01 주사위의 눈
02 주사위 전개도 ①
03 주사위 전개도 ②
04 주사위 전개도 ③

Unit 08 문제 해결

6점도미노 퍼즐 74

01 6점도미노 퍼즐
02 4×5 퍼즐 ①
03 4×5 퍼즐 ②
04 퍼즐 완성하기

6점도미노

| 규칙성 |

점의 개수가 같은 6점도미노를 연결해 봐요!

Unit 01 01 6점도미노
Unit 01 02 연결하기 ①
Unit 01 03 연결하기 ②
Unit 01 04 연결하기 ③

Unit 01

01 6점도미노 | 규칙성 |

크기가 같은 정사각형 2개를 변이 맞닿게 붙여 하나로 이어 만든 도형을 도미노라 합니다.

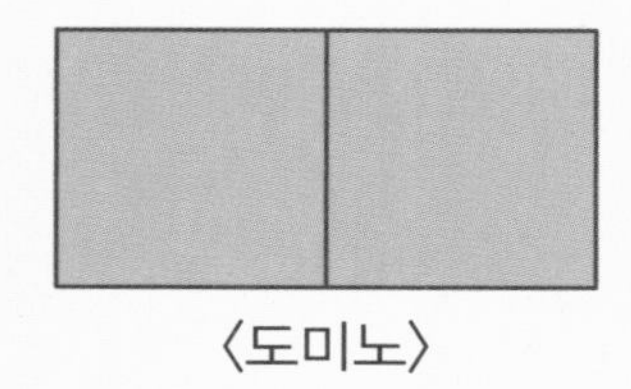
〈도미노〉

도미노를 이루는 각각의 정사각형 안에 1개부터 6개까지 점을 넣으면 6점도미노를 만들 수 있습니다. 만들 수 있는 6점도미노를 모두 나타내어 보세요. (단, [1·2 도미노]와 [2·1 도미노]은 한 가지 모양으로 봅니다.)

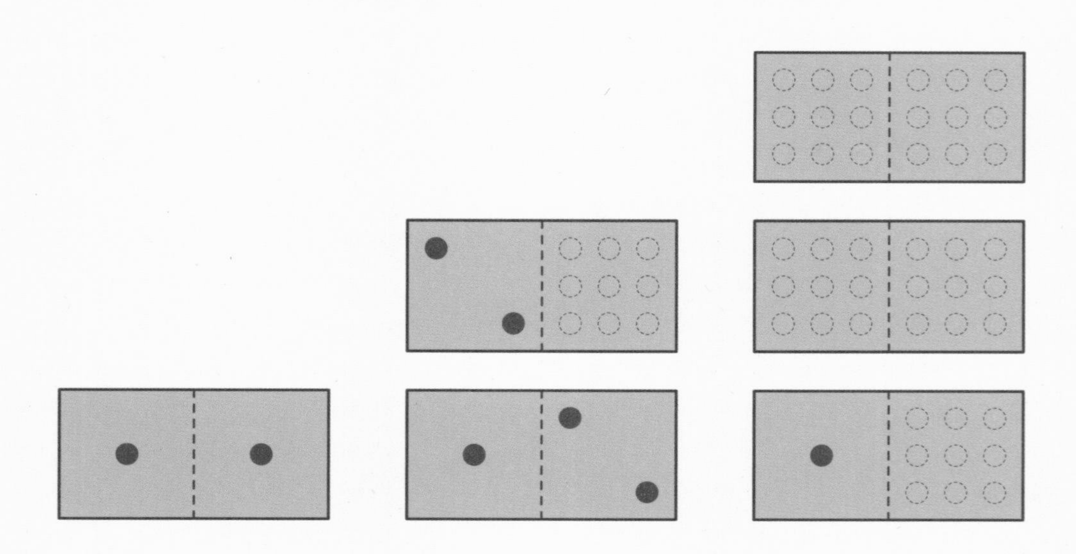

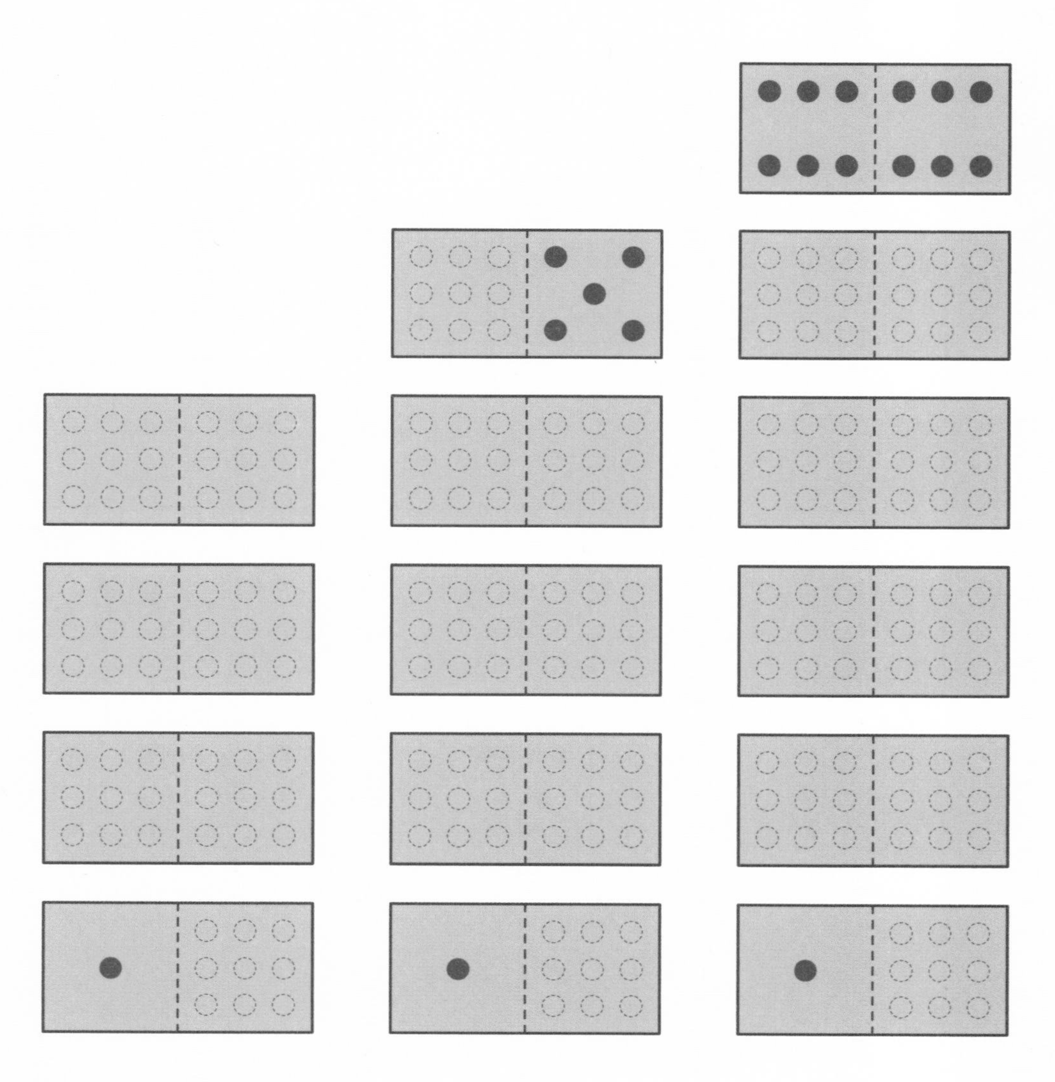

Unit 01

정답 » 86쪽

Unit 01
02

연결하기 ① | 규칙성 |

다음과 같은 <방법>으로 6점도미노를 연결하려고 합니다. 빈 곳에 알맞은 개수의 점을 나타내어 보세요.

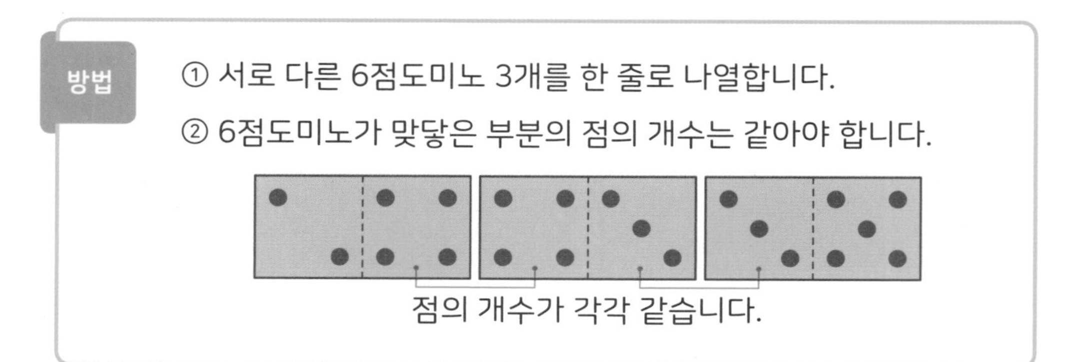
방법
① 서로 다른 6점도미노 3개를 한 줄로 나열합니다.
② 6점도미노가 맞닿은 부분의 점의 개수는 같아야 합니다.
점의 개수가 각각 같습니다.

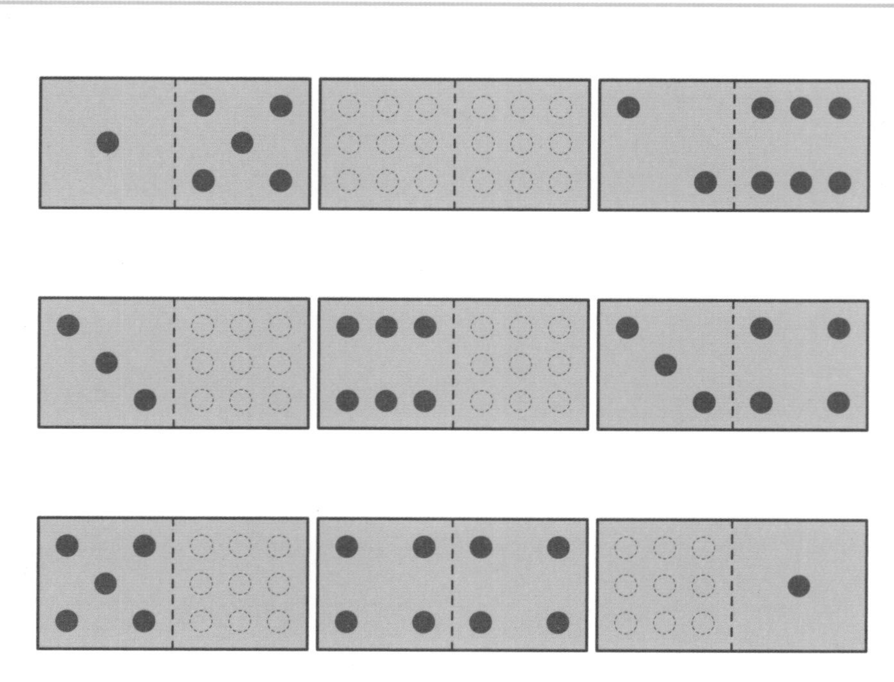

서로 다른 6점도미노를 다음과 같은 모양으로 연결했습니다. 6점도미노가 맞닿은 부분의 점의 개수가 같아지도록 빈 곳에 알맞은 개수의 점을 나타내어 보세요.

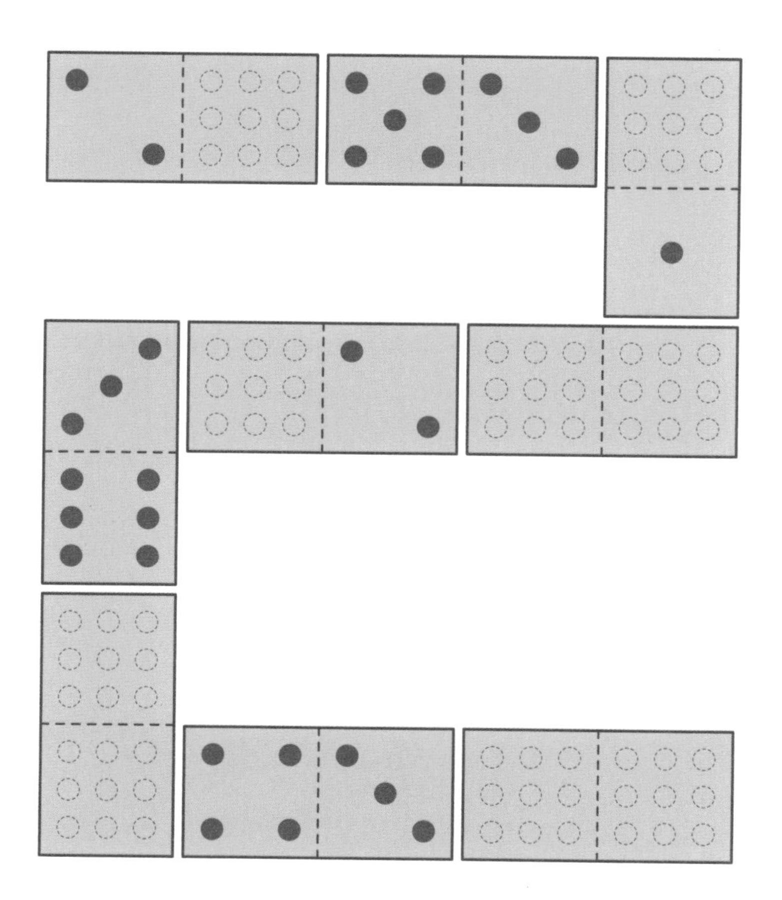

정답 ≫ 86쪽

연결하기 ② | 규칙성 |

주어진 6점도미노를 제시된 모양으로 연결하려고 합니다. 6점도미노가 맞닿은 부분의 점의 개수가 같아지도록 빈 곳에 알맞은 개수의 점을 나타내어 보세요.

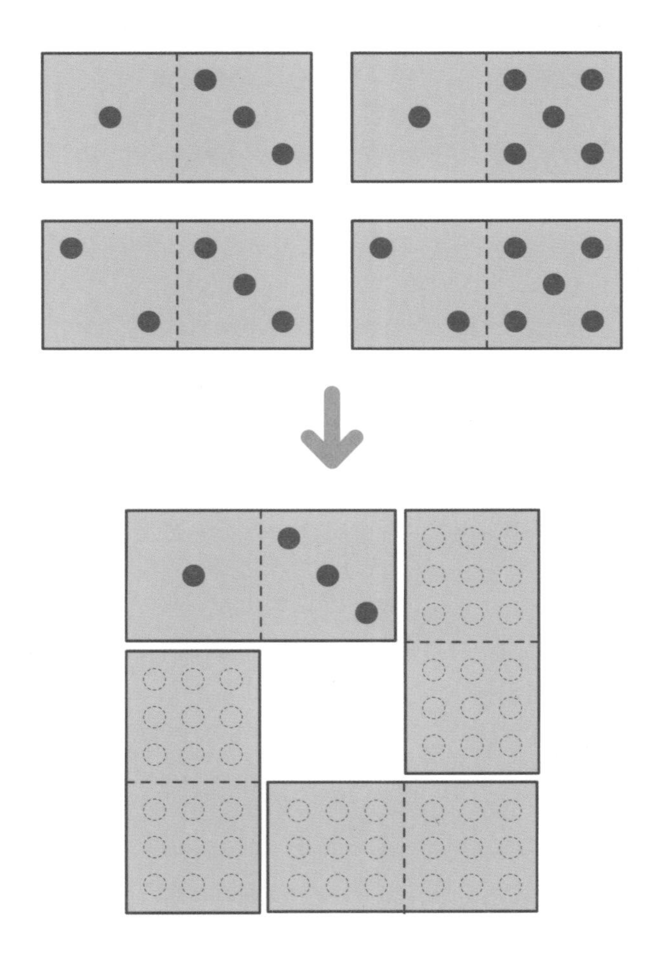

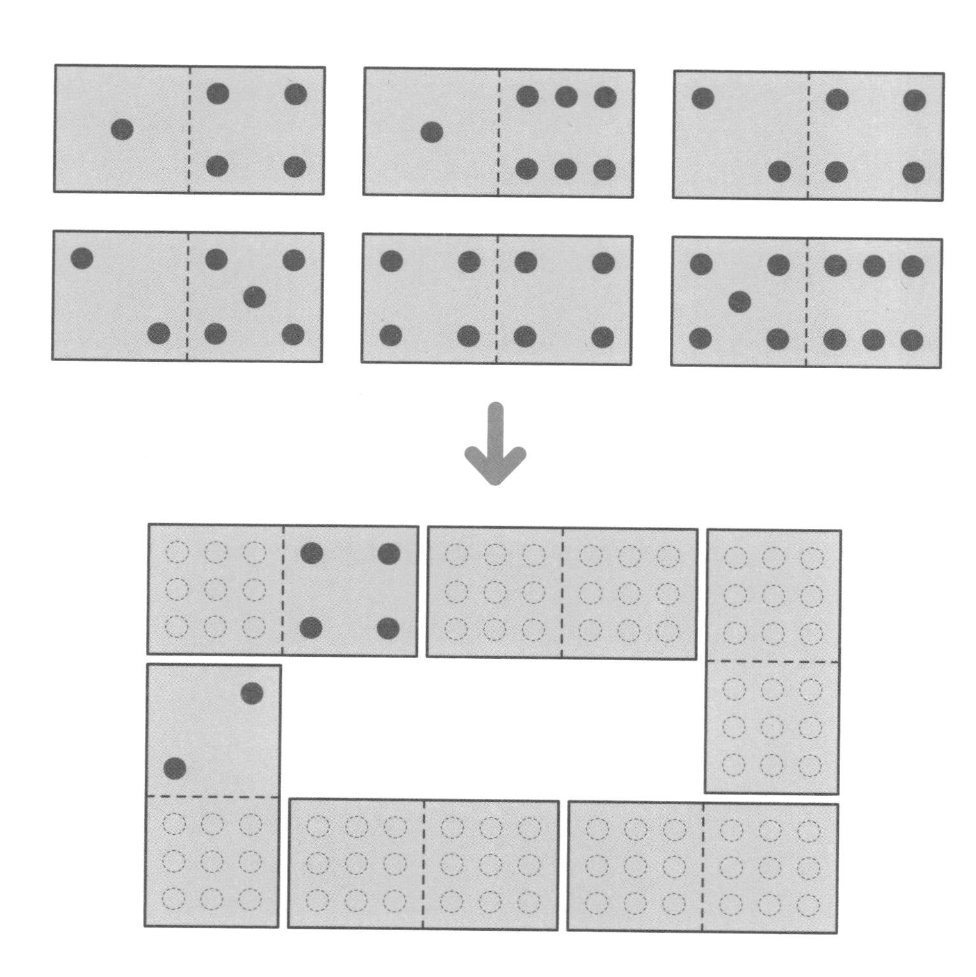

정답 » 87쪽

연결하기 ③ | 규칙성 |

다음과 같은 <방법>으로 6점도미노를 연결해 보세요.

방법

① 21개의 6점도미노 중에서 7개를 고르고, 남은 것은 한쪽에 모아 둡니다.

② 7개의 6점도미노 중에서 1개를 골라 오른쪽에 첫 번째로 표시한 곳에 올려놓습니다.

③ 첫 번째로 올려놓은 6점도미노의 각 칸의 점의 개수를 보고, 남은 6개의 6점도미노 중에서 한 칸의 점의 개수가 같은 것을 서로 맞닿게 연결합니다. 이때, 맞닿은 부분을 연결하는 방향은 상관이 없습니다.

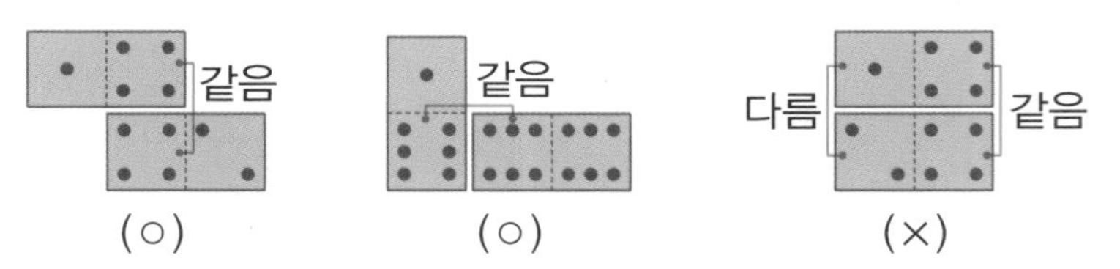

④ ③과 같은 방법으로 남은 6점도미노를 계속 이어 붙여 모두 연결합니다. 만약 7개를 모두 연결하지 못했는데 더 이상 연결할 6점도미노가 없다면 한쪽에 모아 둔 6점도미노 중에서 연결할 수 있는 6점도미노 1개를 가져온 뒤 연결합니다.

⑤ ④의 과정을 반복하여 처음 고른 7개의 6점도미노를 모두 연결합니다.

첫 번째

정답 ≫ 87쪽

연결 퍼즐

| 수와 연산 |

점의 개수의 합을 이용하여 6점도미노를 연결해 봐요!

점의 개수의 합 | 수와 연산 |

서로 다른 6점도미노 3개를 한 줄로 연결했습니다. 6점도미노가 맞닿은 부분의 점의 개수의 합을 구해 보세요.

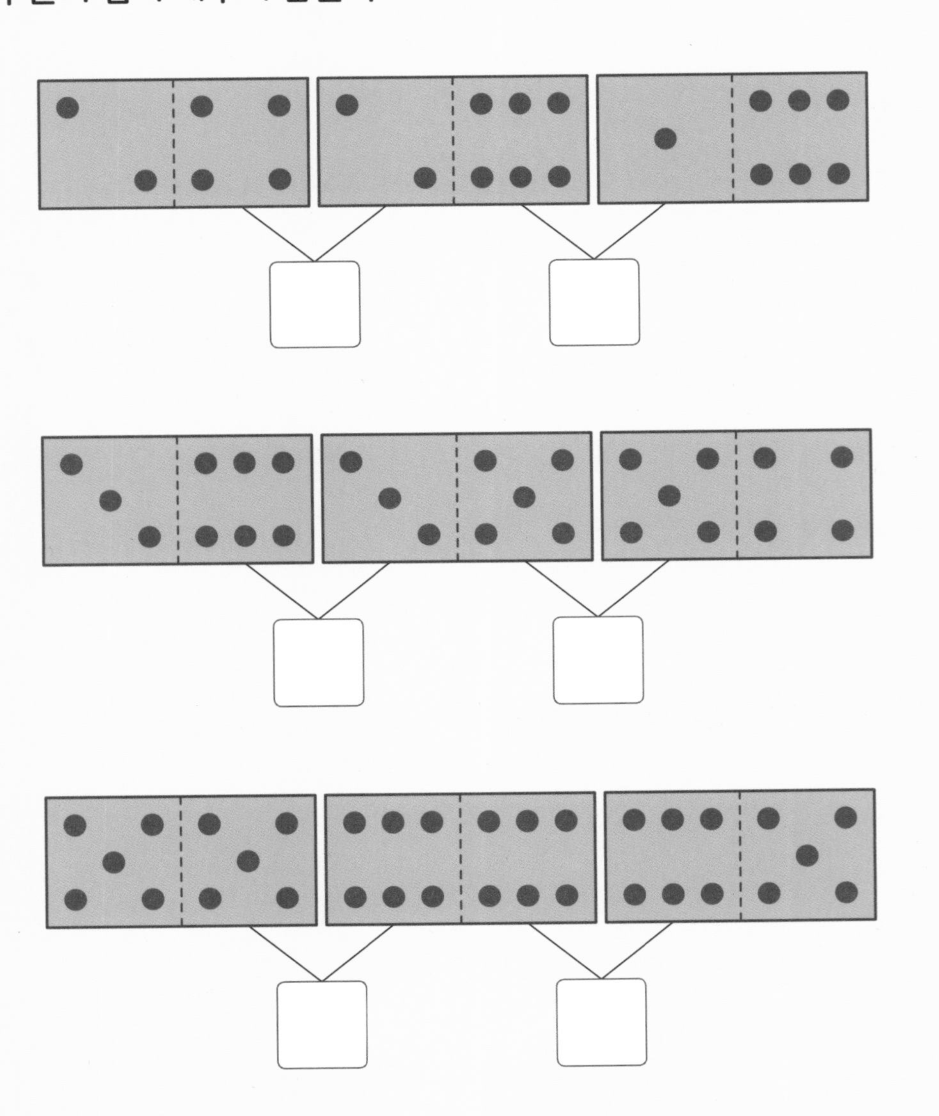

서로 다른 6점도미노 3개를 한 줄로 연결했습니다. 6점도미노가 맞닿은 부분의 점의 개수의 합이 ▢ 안의 수가 되도록 빈 곳에 알맞은 개수의 점을 나타내어 보세요. (단, [•|⁘] 와 [⁘|•] 은 한 가지 모양으로 봅니다.)

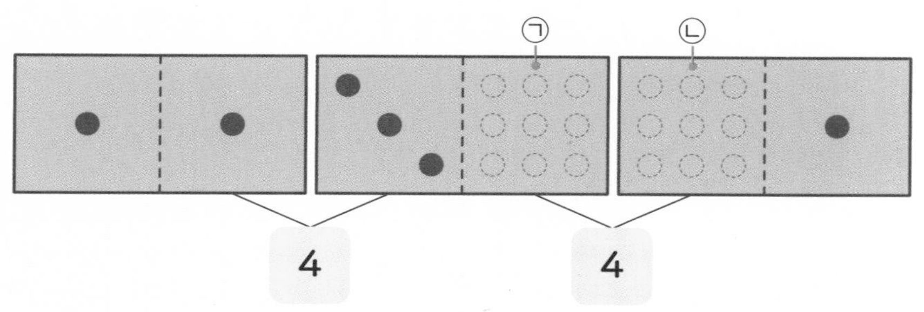

◉ ㉠과 ㉡의 점의 개수는 각각 ▢ 개부터 ▢ 개까지입니다.

◉ ㉠이 1개일 때 ㉡은 ▢ 개입니다. → 서로 다른 6점도미노 3개 ×

◉ ㉠이 2개일 때 ㉡은 ▢ 개입니다. → 서로 다른 6점도미노 3개 ○

◉ ㉠이 3개일 때 ㉡은 ▢ 개입니다. → 서로 다른 6점도미노 3개 ×

→ ㉠: ▢ 개, ㉡: ▢ 개

정답 ≫ 88쪽

덧셈 연결 ① | 수와 연산 |

서로 다른 6점도미노를 다음과 같은 모양으로 연결했습니다. 6점도미노가 맞닿은 부분의 점의 개수의 합이 ▢ 안의 수가 되도록 빈 곳에 알맞은 개수의 점을 나타내어 보세요.

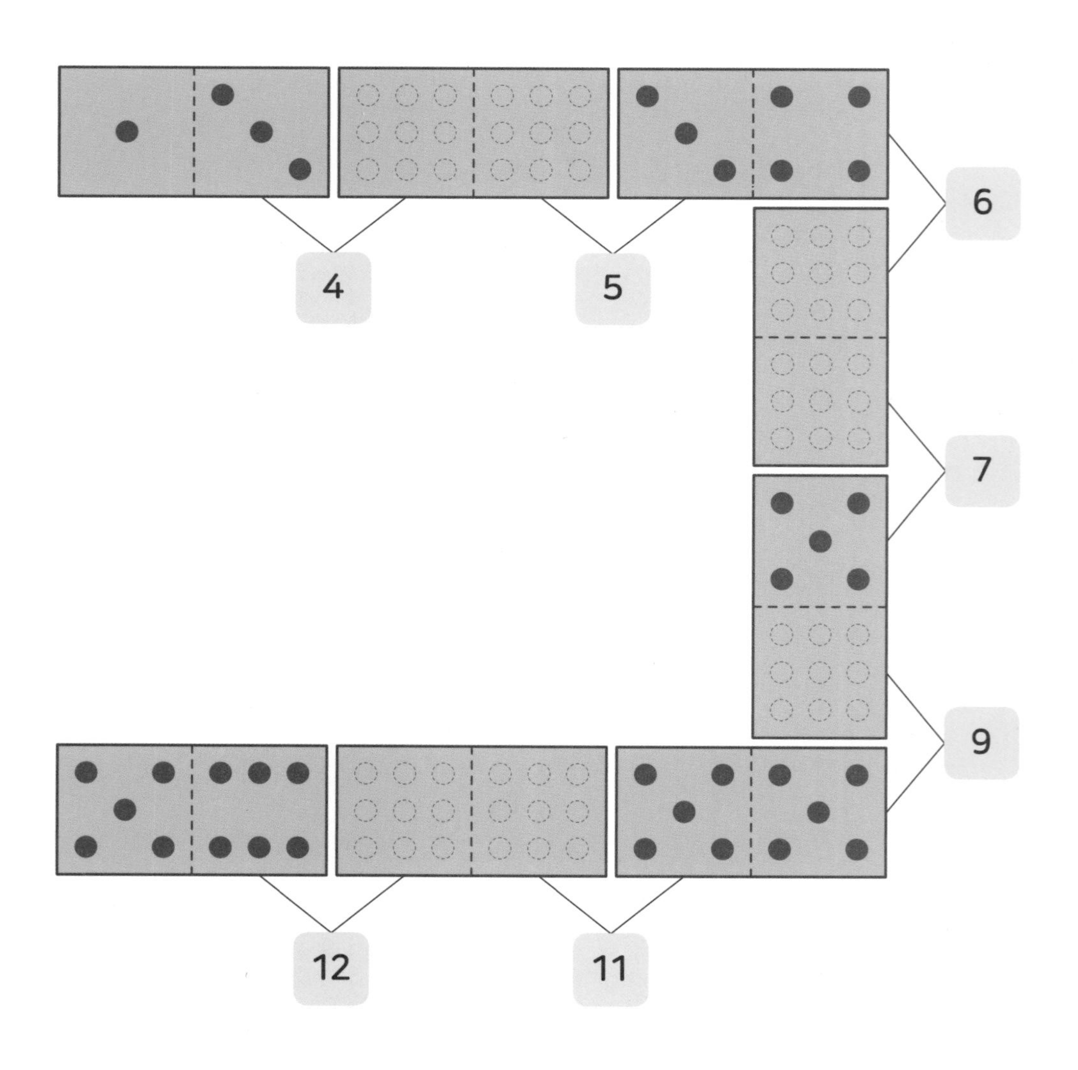

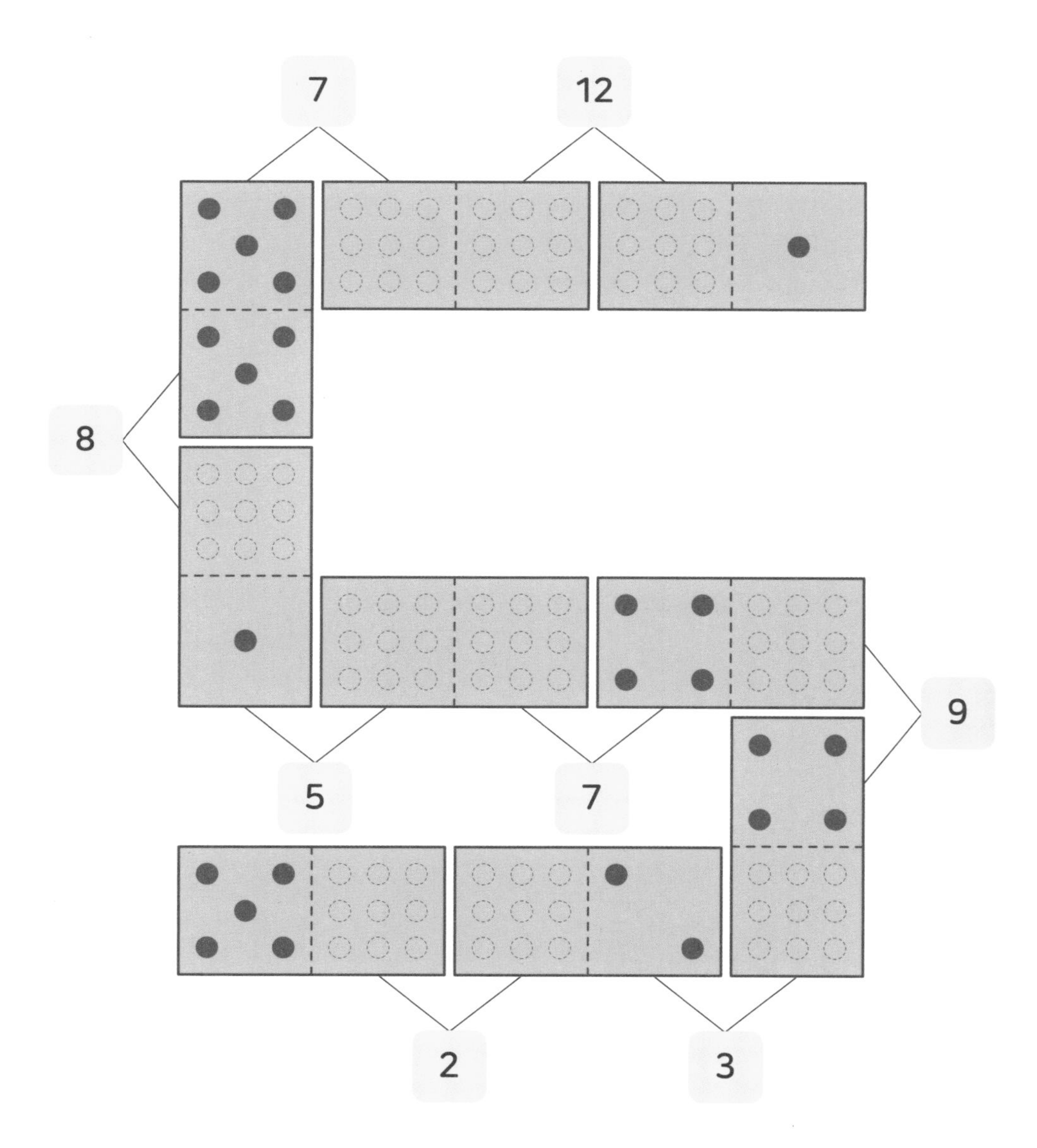

정답 ≫ 88쪽

덧셈 연결 ②

| 수와 연산 |

서로 다른 6점도미노를 다음과 같은 모양으로 연결했습니다. 6점도미노가 맞닿은 부분의 점의 개수의 합이 안의 수가 되도록 빈 곳에 알맞은 개수의 점을 나타내어 보세요.

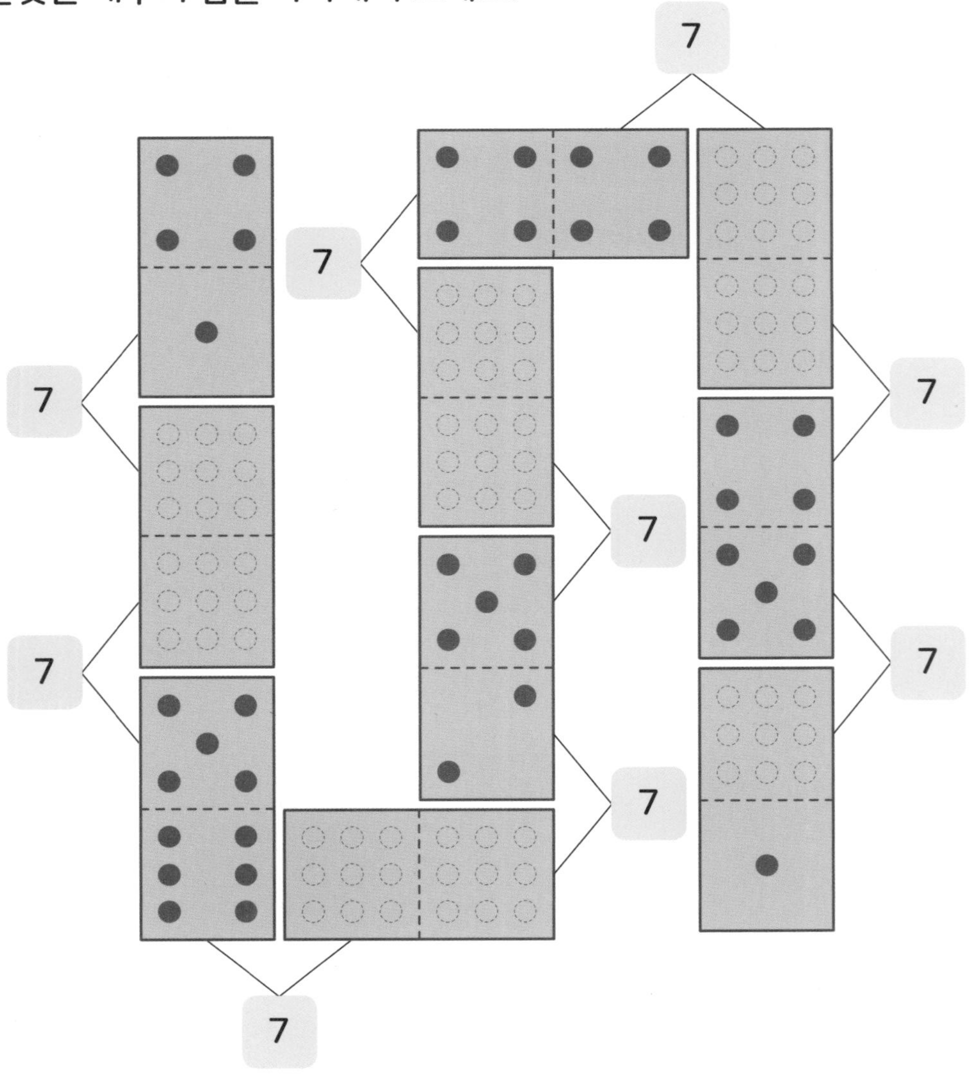

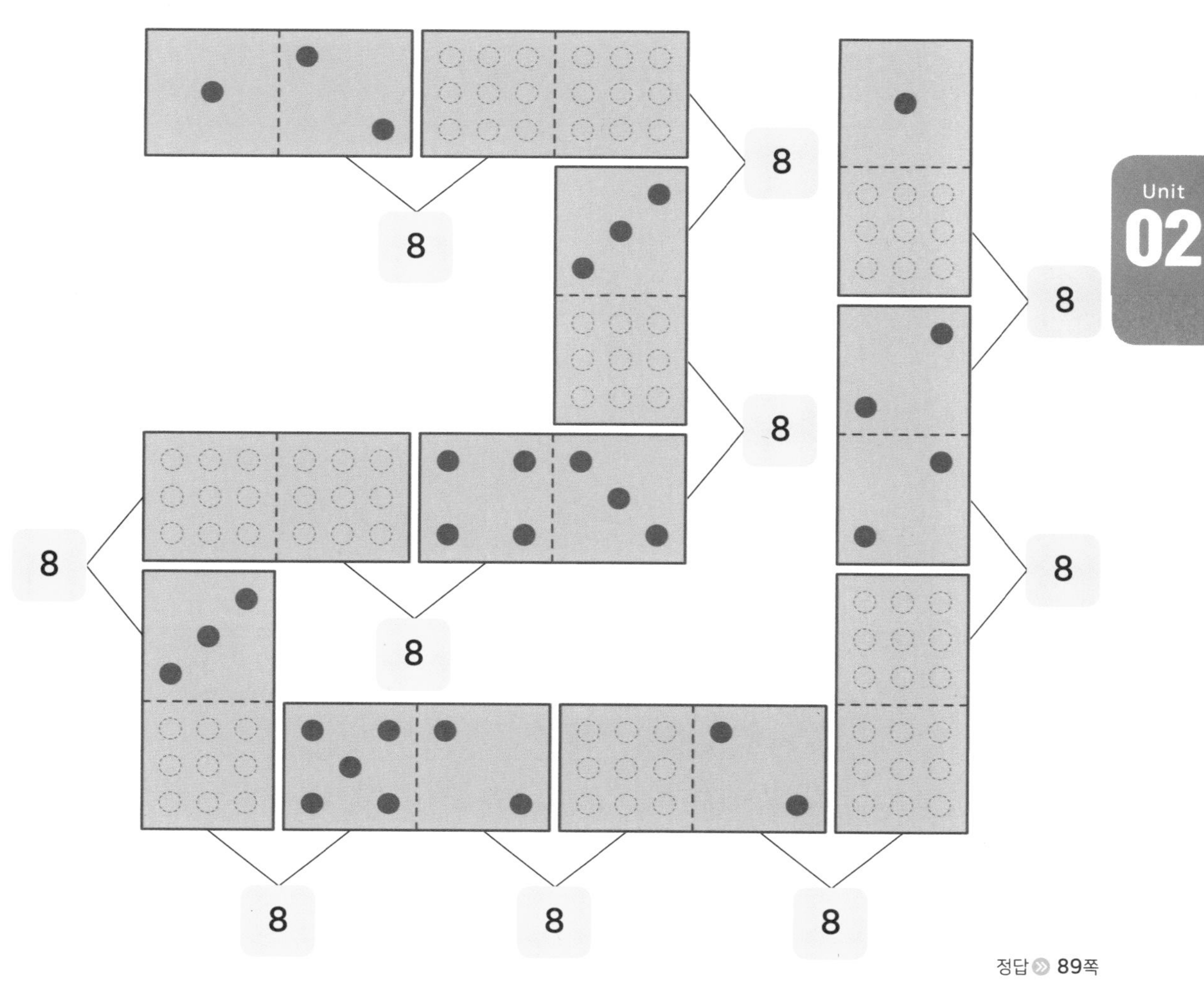

정답 89쪽

덧셈 연결 ③ | 수와 연산 |

서로 다른 6점도미노를 다음과 같은 모양으로 연결했습니다. 표시한 부분의 점의 개수의 합이 ▢ 안의 수가 되도록 빈 곳에 알맞은 개수의 점을 나타내어 보세요. (단, ▢와 ▢은 한 가지 모양으로 봅니다.)

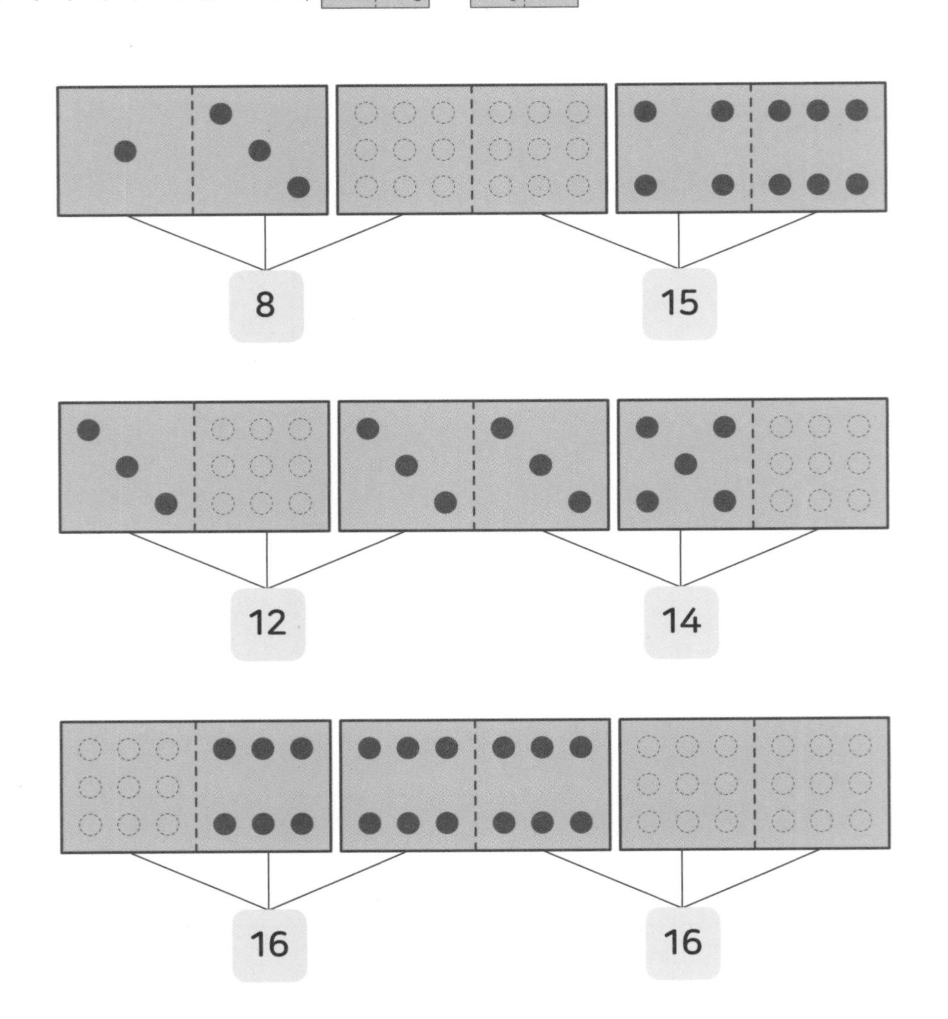

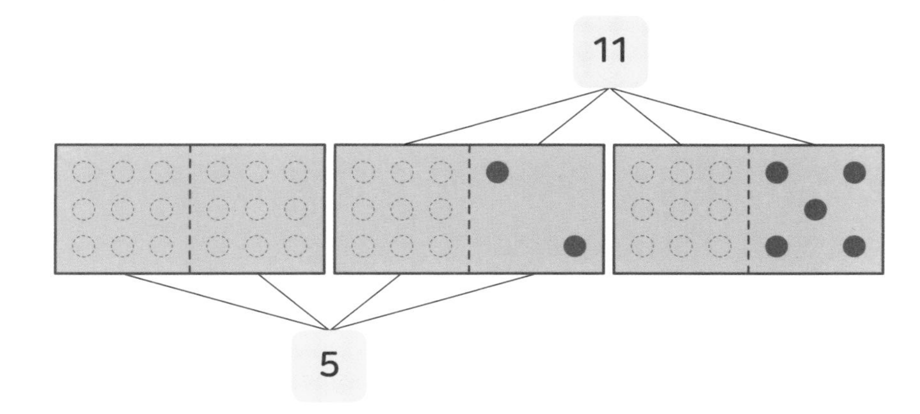

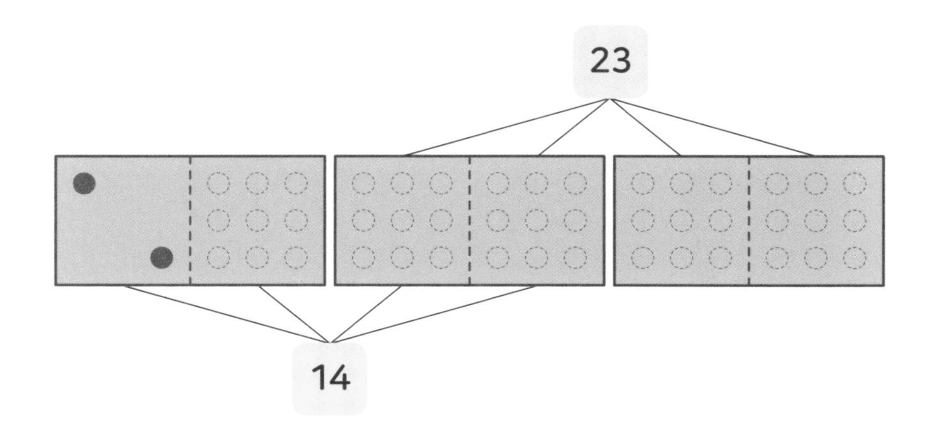

Unit
02

정답 ≫ 89쪽

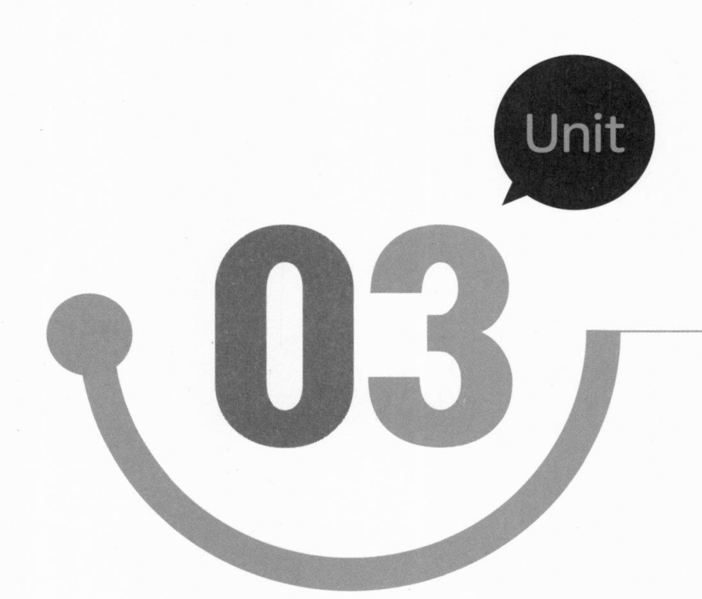

배열 퍼즐 ①

| 수와 연산 |

점의 개수의 합을 이용하여 6점도미노를 배열해 봐요!

Unit 03 01 점의 개수의 합

Unit 03 02 덧셈 배열 ①

Unit 03 03 덧셈 배열 ②

Unit 03 04 덧셈 배열 ③

점의 개수의 합 | 수와 연산 |

서로 다른 6점도미노를 2개씩 한 줄로 놓았습니다. 가로줄에 있는 점의 개수의 합을 빈칸에 써넣어 보세요. 또, 이를 통해 알 수 있는 점을 설명해 보세요.

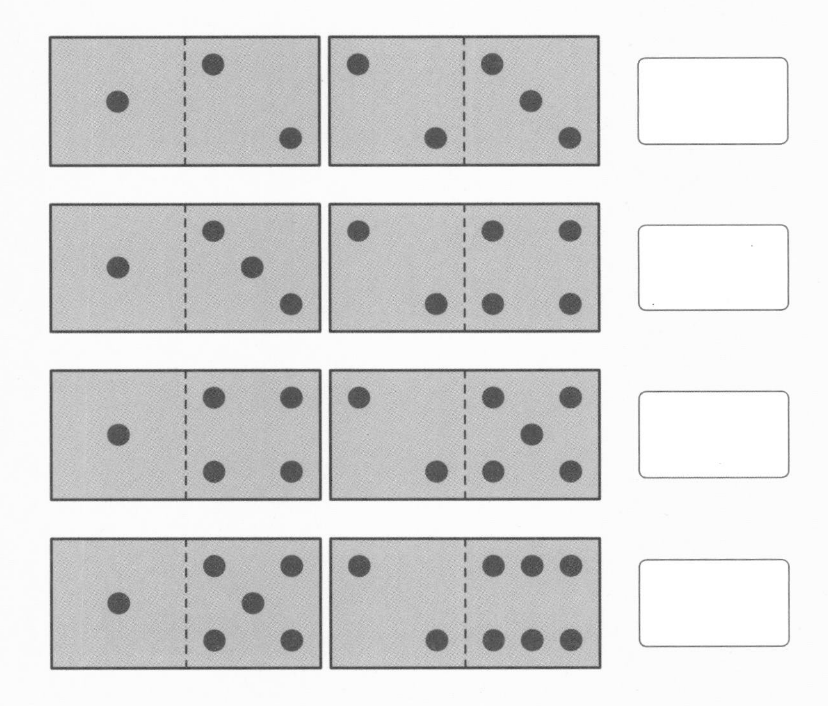

◉ 알 수 있는 점: 왼쪽 6점도미노의 점의 개수는 ☐씩 커지고, 오른쪽 6점도미노의 점의 개수는 ☐씩 커지므로 가로줄에 있는 점의 개수의 합은 항상 ☐씩 커집니다.

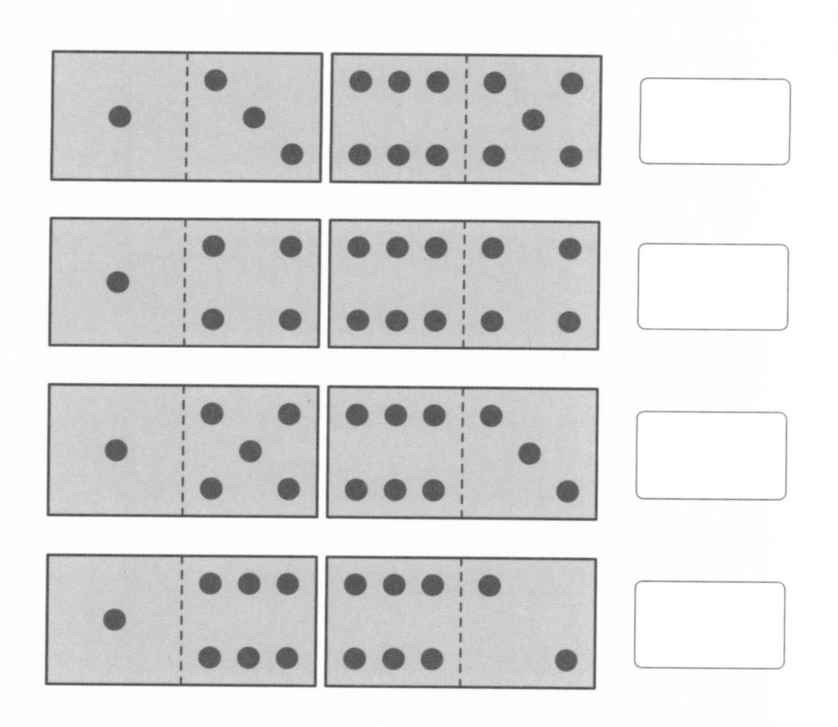

◉ 알 수 있는 점: 왼쪽 6점도미노의 점의 개수는 [ ] 씩 커지고, 오른쪽 6점도미노의 점의 개수는 [ ] 씩 작아지므로 가로줄에 있는 점의 개수의 합은 항상 (같습니다 , 다릅니다).

정답 ≫ 90쪽

덧셈 배열 ① | 수와 연산 |

서로 다른 6점도미노를 2개씩 한 줄로 놓았습니다. 가로줄에 있는 점의 개수의 합이 ▢ 안의 수가 되도록 빈 곳에 알맞은 개수의 점을 나타내어 보세요. (단, ▢와 ▢은 한 가지 모양으로 봅니다.)

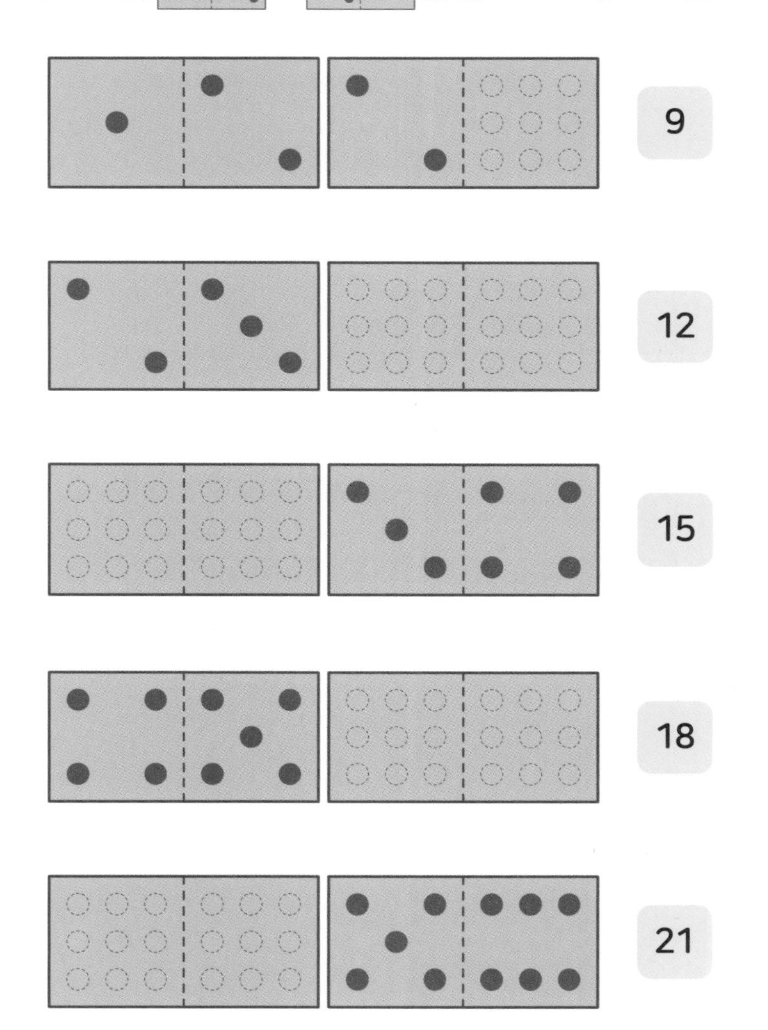

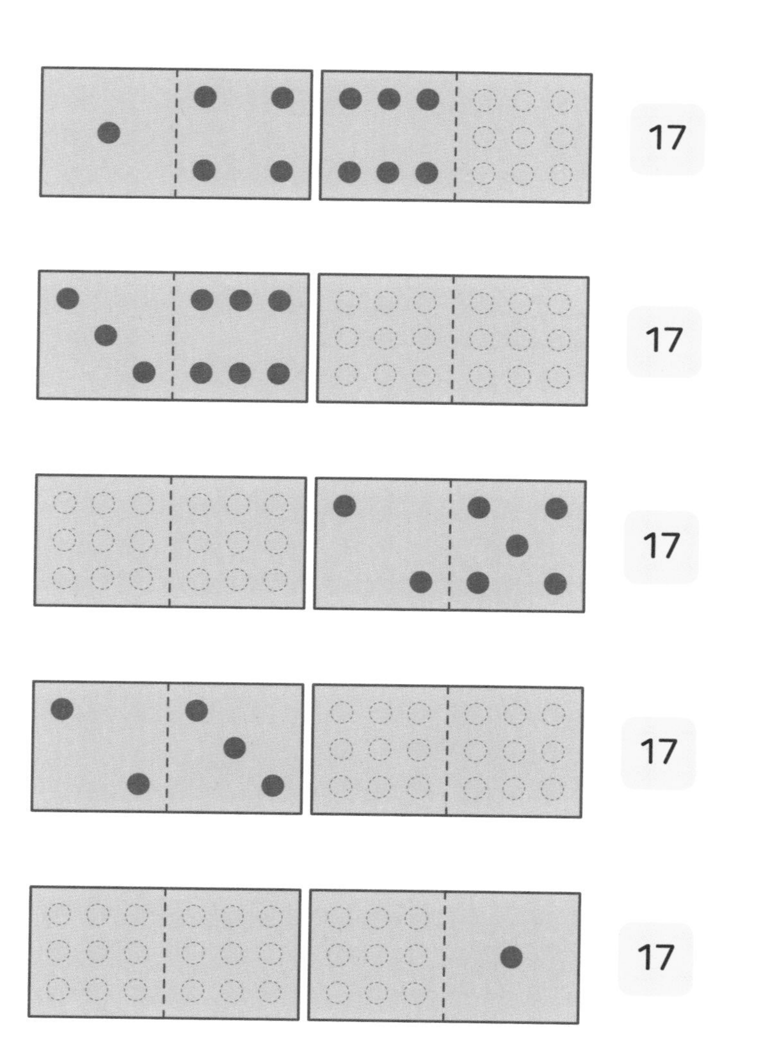

정답 » 90쪽

덧셈 배열 ② | 수와 연산 |

서로 다른 6점도미노 4개를 다음과 같은 모양으로 놓았습니다. 가로줄과 세로줄에 있는 점의 개수의 합이 ▢ 안의 수가 되도록 빈 곳에 알맞은 개수의 점을 나타내어 보세요.

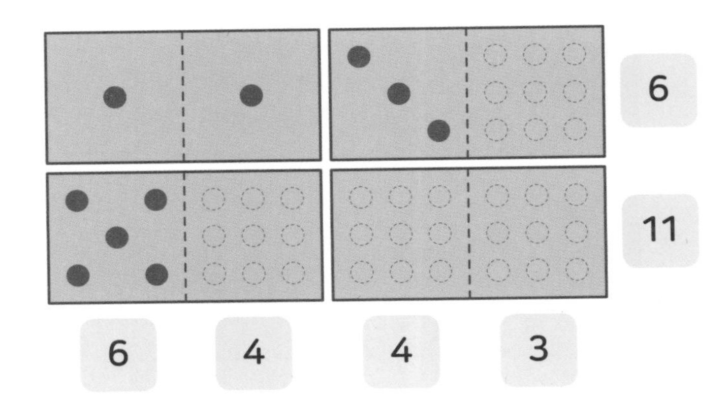

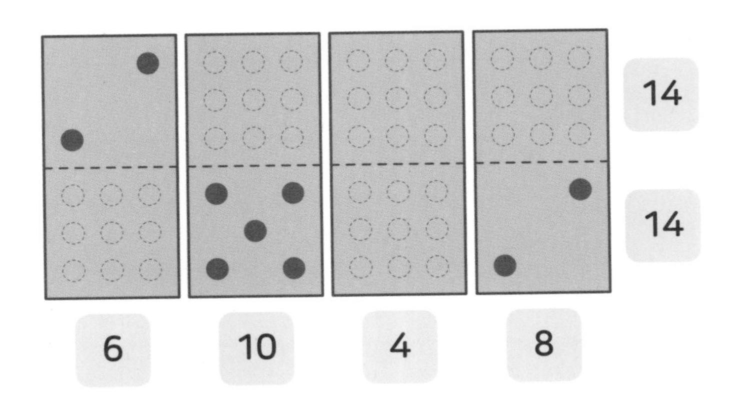

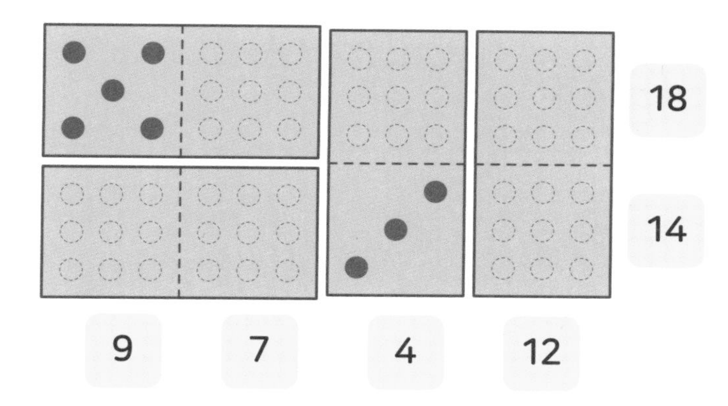

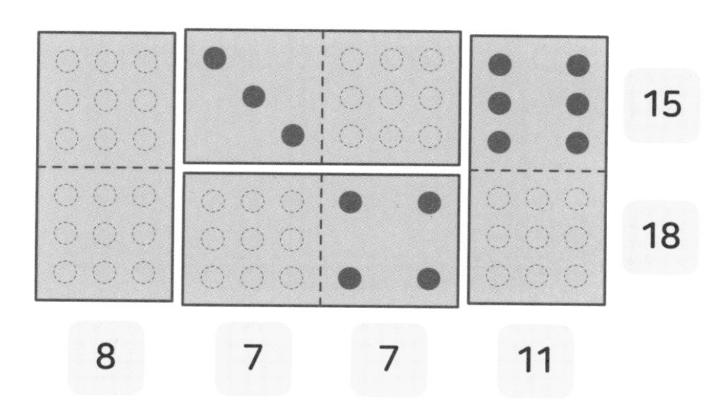

Unit 03

정답 ≫ 91쪽

덧셈 배열 ③ | 수와 연산 |

주어진 6점도미노를 제시된 모양으로 놓으려고 합니다. 가로줄과 세로줄에 있는 점의 개수의 합이 ▢ 안의 수가 되도록 빈 곳에 알맞은 개수의 점을 나타내어 보세요.

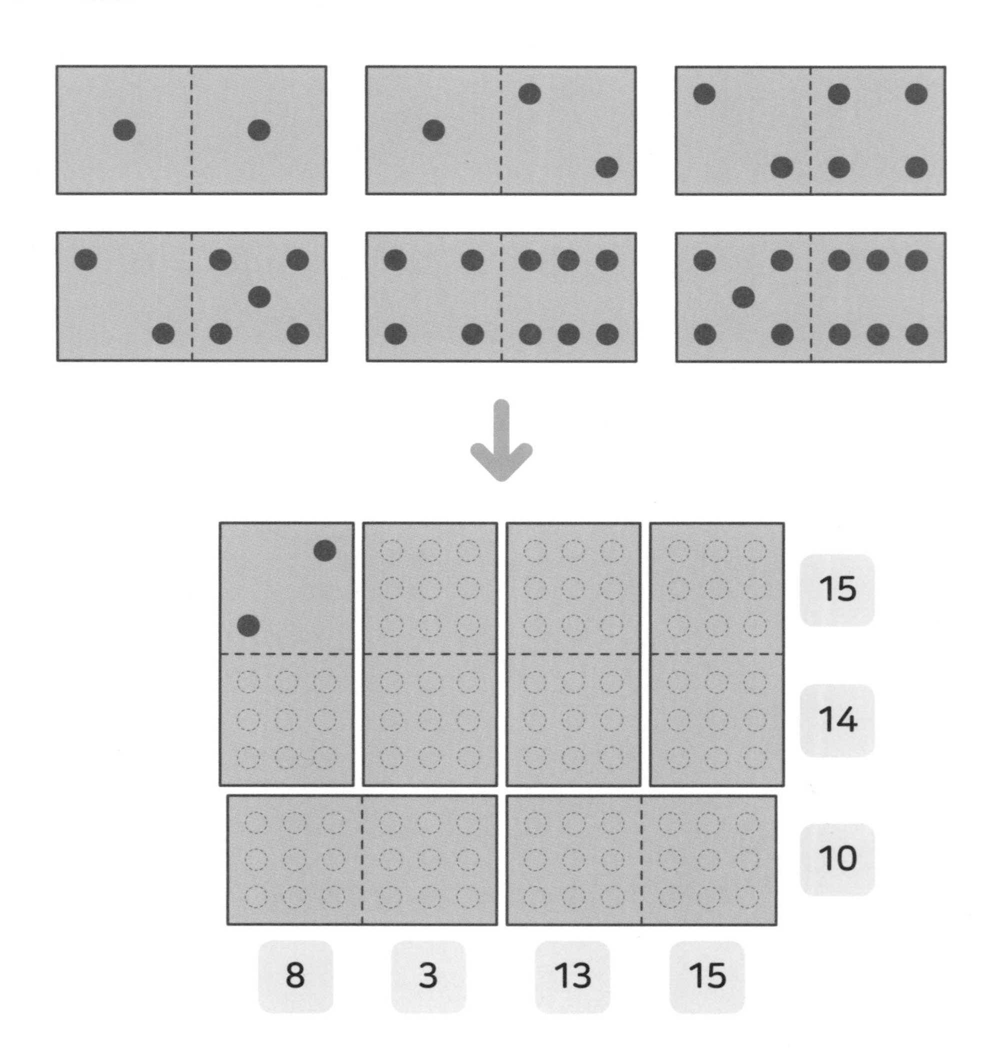

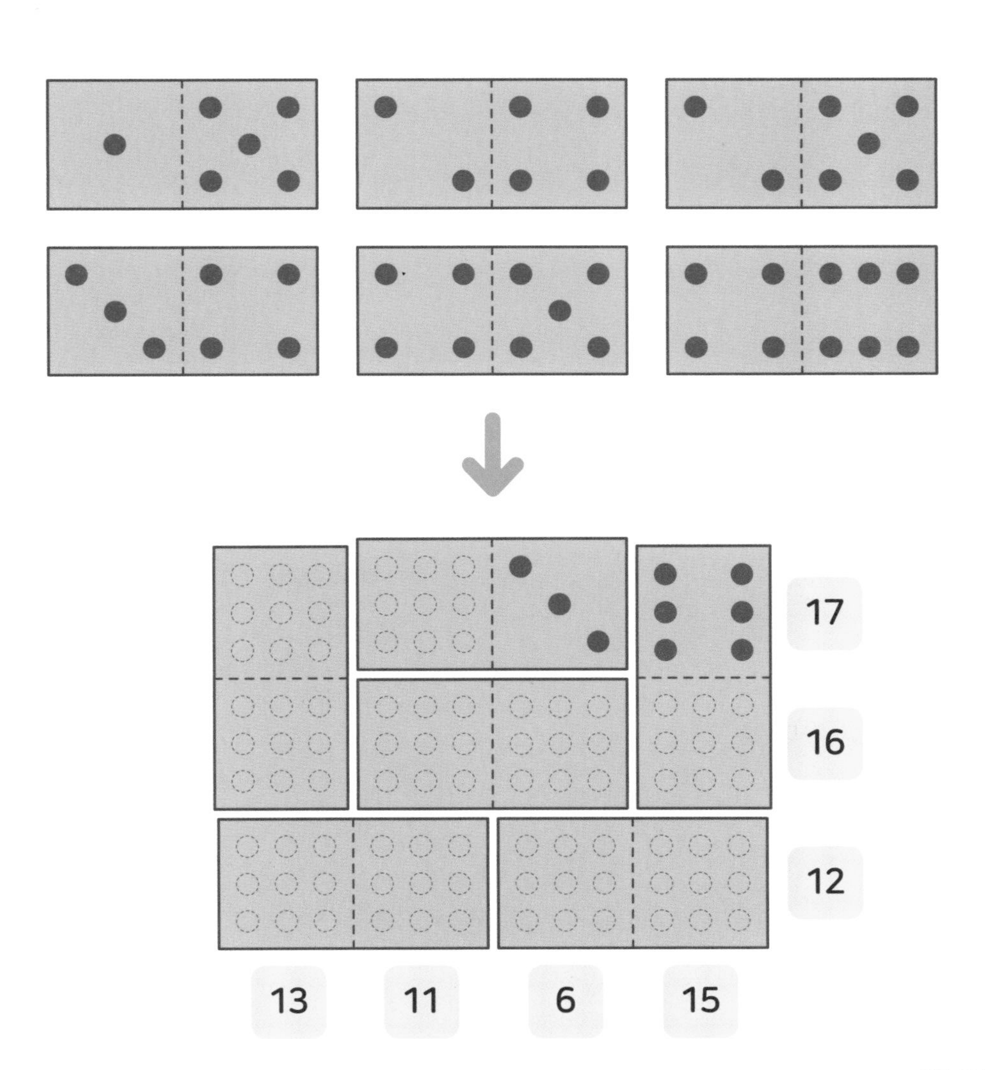

정답 ≫ 91쪽

Unit 03

식 만들기

| 수와 연산 |

6점도미노로 **덧셈식과 뺄셈식**을 만들어 봐요!

Unit 04 01 덧셈과 뺄셈

Unit 04 02 덧셈식 만들기

Unit 04 03 뺄셈식 만들기

Unit 04 04 가장 크게

덧셈과 뺄셈 | 수와 연산 |

다음은 6점도미노를 이용하여 두 자리 수의 덧셈식을 나타낸 것입니다. 빈칸에 알맞은 수를 써넣어 보세요.

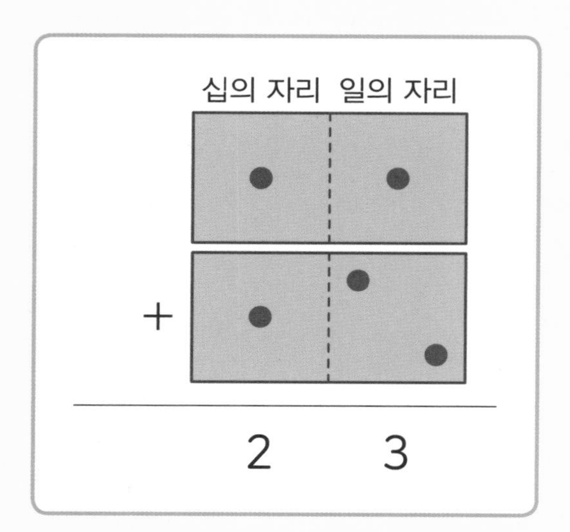

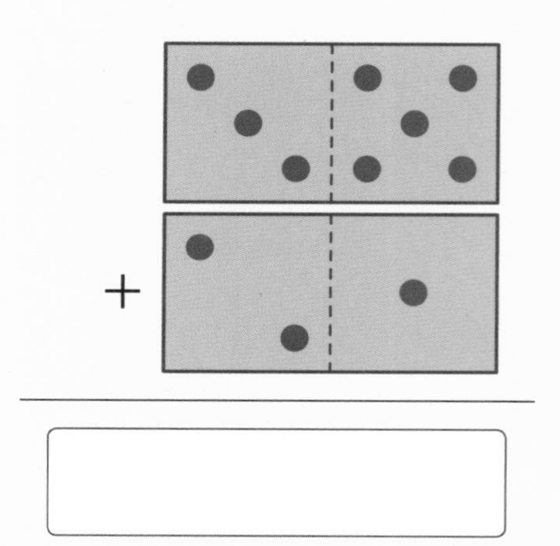

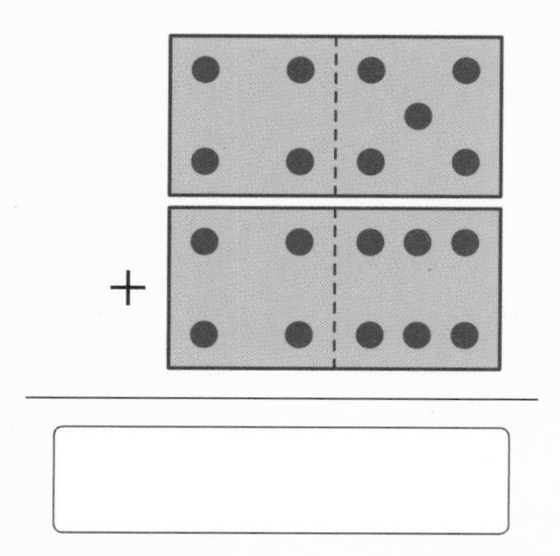

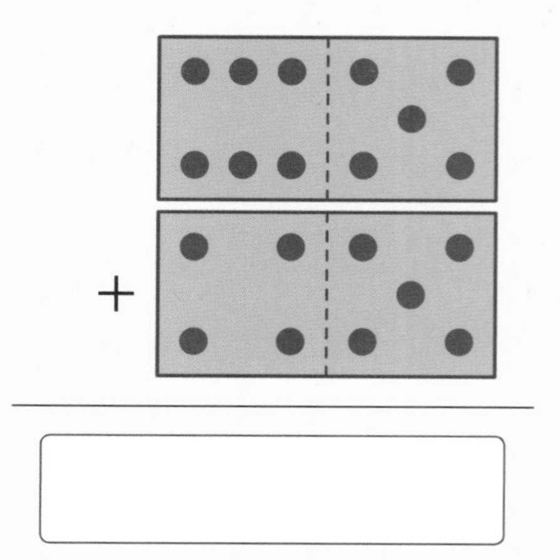

다음은 6점도미노를 이용하여 두 자리 수의 뺄셈식을 나타낸 것입니다. 빈칸에 알맞은 수를 써넣어 보세요.

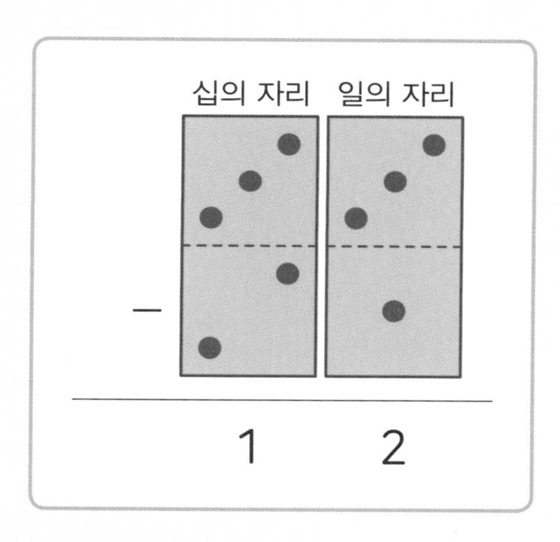

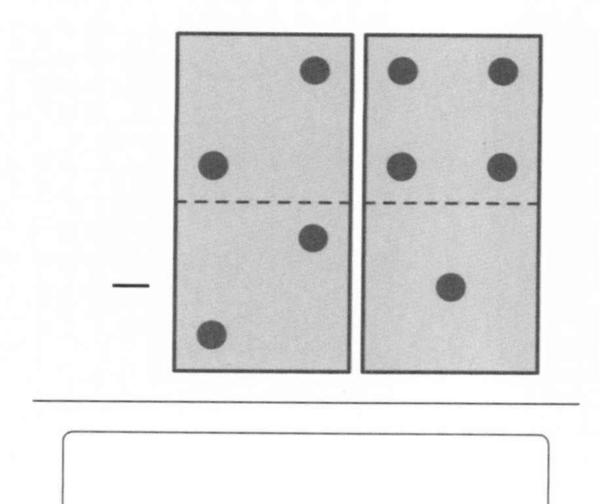

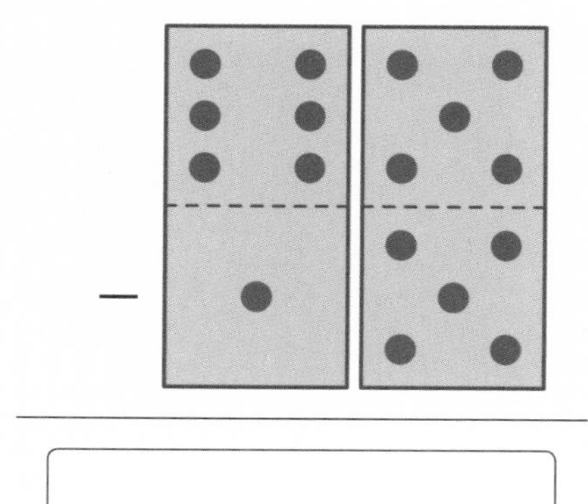

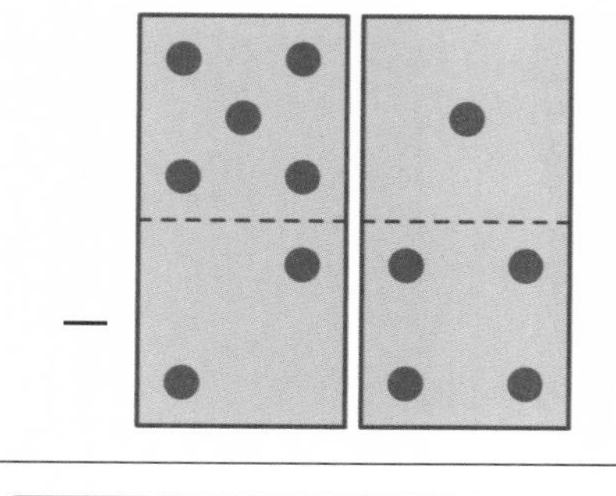

Unit 04

정답 ≫ 92쪽

덧셈식 만들기 | 수와 연산 |

서로 다른 6점도미노를 한 번씩만 이용하여 알맞은 덧셈식을 나타내어 보세요. (단, 와 은 한 가지 모양으로 봅니다.)

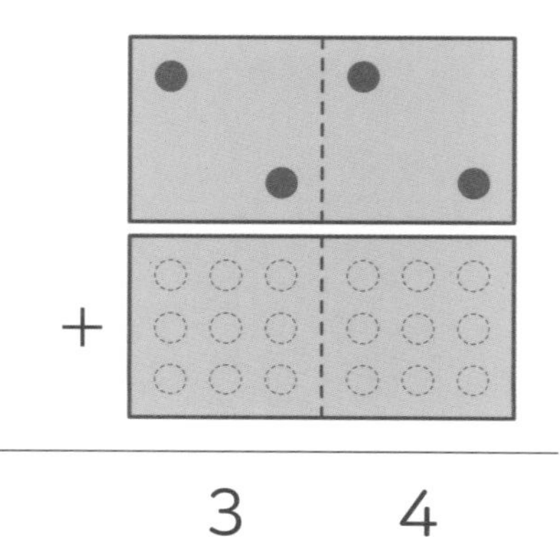

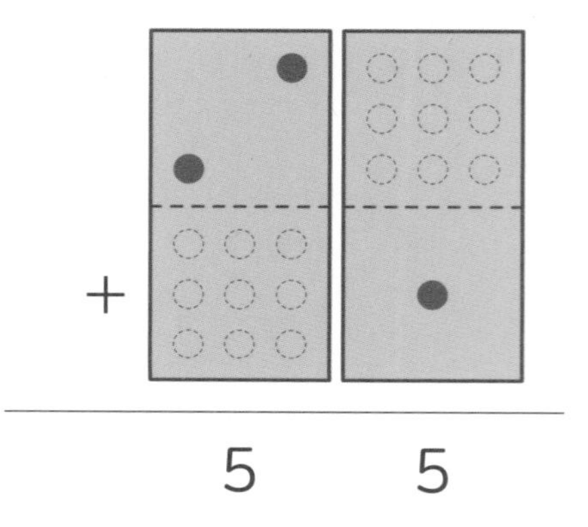

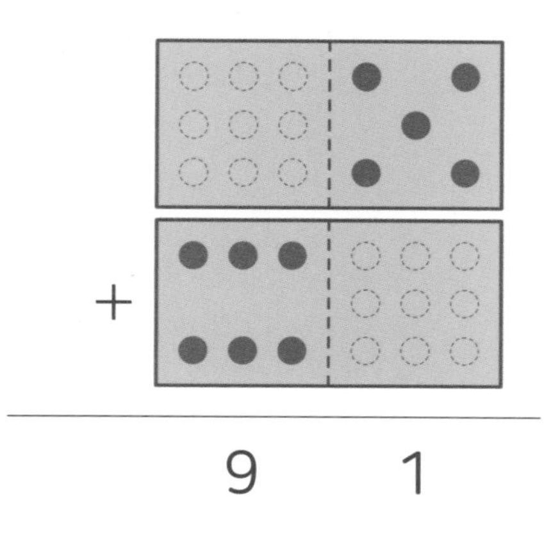

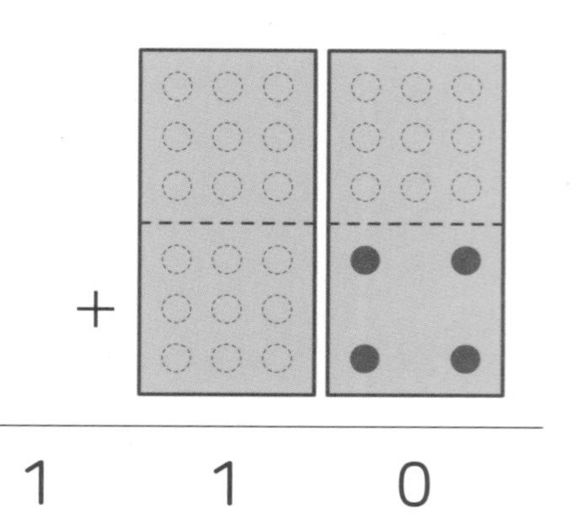

서로 다른 6점도미노를 한 번씩만 이용하여 계산 결과가 1122인 덧셈 식을 2가지 나타내어 보세요.

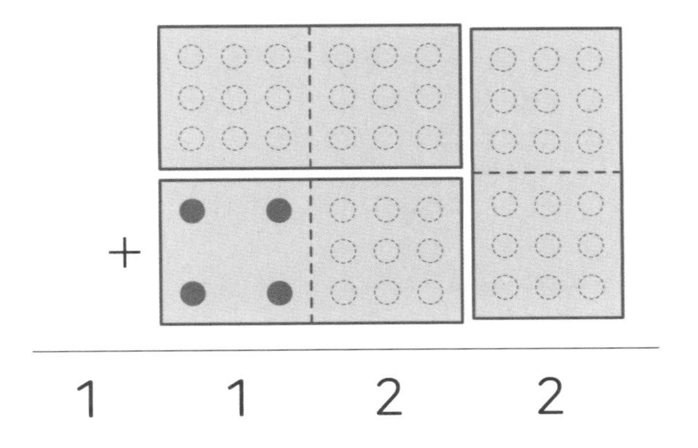

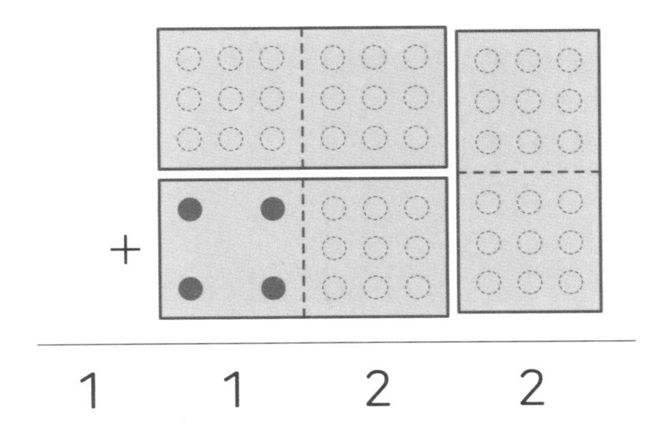

Unit 04

정답 92쪽

뺄셈식 만들기 | 수와 연산 |

서로 다른 6점도미노를 한 번씩만 이용하여 알맞은 뺄셈식을 나타내어 보세요. (단, [domino] 와 [domino] 은 한 가지 모양으로 봅니다.)

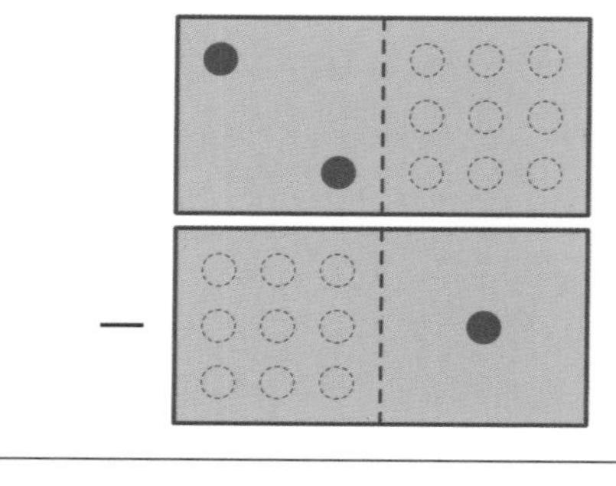

5

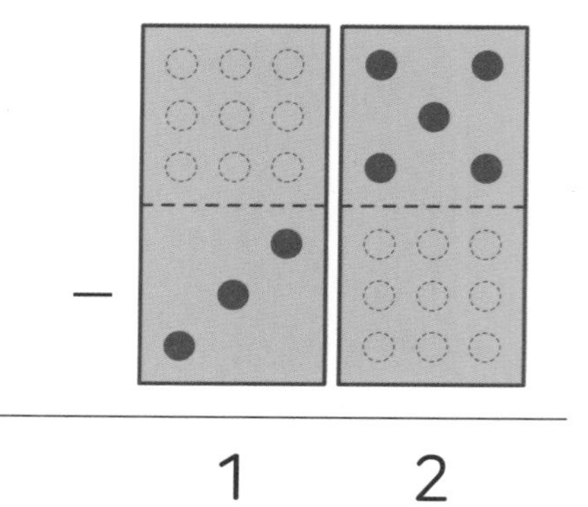

1 2

−

1 9

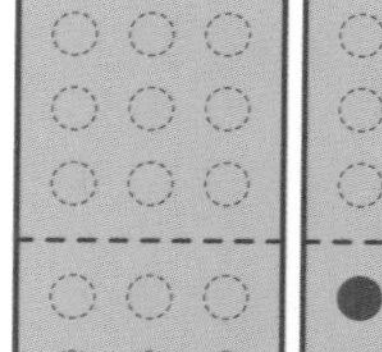

3 6

서로 다른 6점도미노를 한 번씩만 이용하여 계산 결과가 506인 뺄셈 식을 2가지 나타내어 보세요.

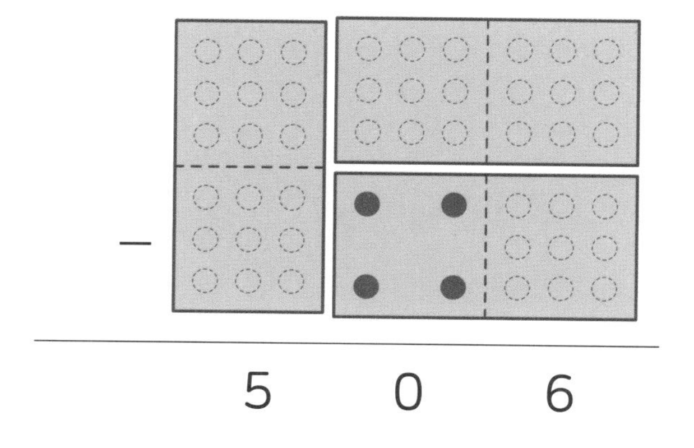

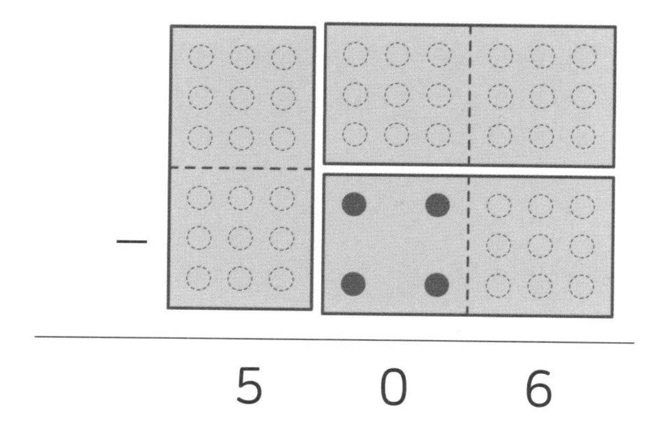

Unit 04

정답 ≫ 93쪽

Unit 04

04 가장 크게 | 수와 연산 |

주어진 6점도미노를 한 번씩 이용하여 만든 뺄셈식 중에서 계산 결과가 가장 큰 식을 나타내어 보고, 계산 결과를 구해 보세요.

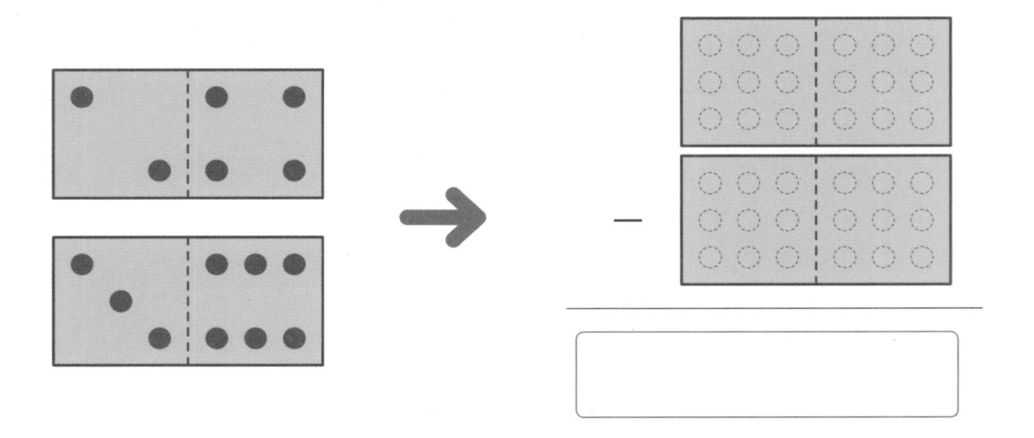

⊙ 6점도미노로 만들 수 있는 가장 (큰 , 작은) 두 자리 수에서 가장 (큰 , 작은) 두 자리 수를 빼면 계산 결과가 가장 큰 뺄셈식을 나타낼 수 있습니다.

⊙ 만들 수 있는 가장 큰 두 자리 수: ☐

⊙ 만들 수 있는 가장 작은 두 자리 수: ☐

→ 계산 결과가 가장 큰 식:

주어진 6점도미노를 한 번씩 이용하여 만든 세 자리 수 덧셈식 중에서 계산 결과가 가장 큰 식을 나타내어 보고, 계산 결과를 구해 보세요.

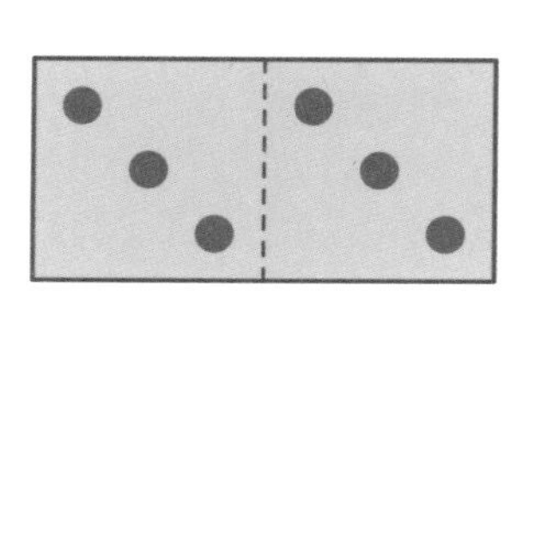
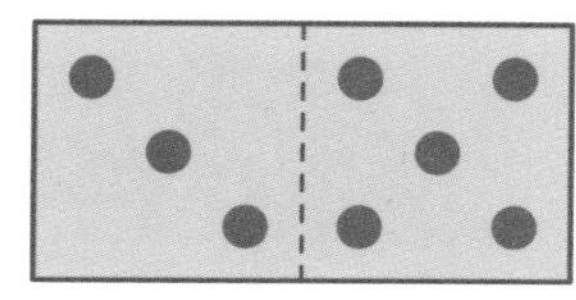
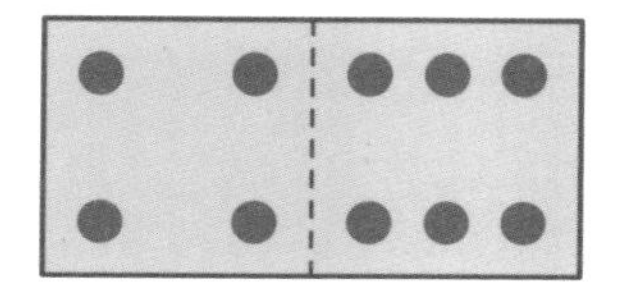

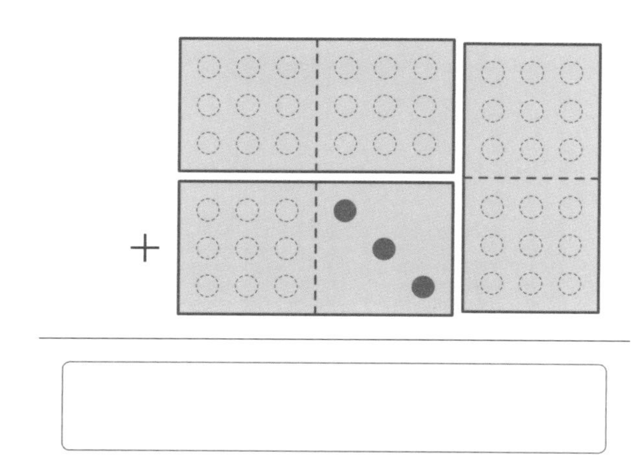

Unit 04

정답 93쪽

배열 퍼즐 ②

ㅣ 수와 연산 ㅣ

점의 개수의 합을 이용하여 6점도미노를 배열해 봐요!

Unit 05 01 세 수의 합
Unit 05 02 덧셈 배열 ①
Unit 05 03 덧셈 배열 ②
Unit 05 04 마방진

Unit 05

01 세 수의 합 | 수와 연산 |

주어진 구슬 5개를 한 번씩 이용하여 세 수의 합이 같아지도록 만들어 보세요.

◉ 세 수의 합: 10

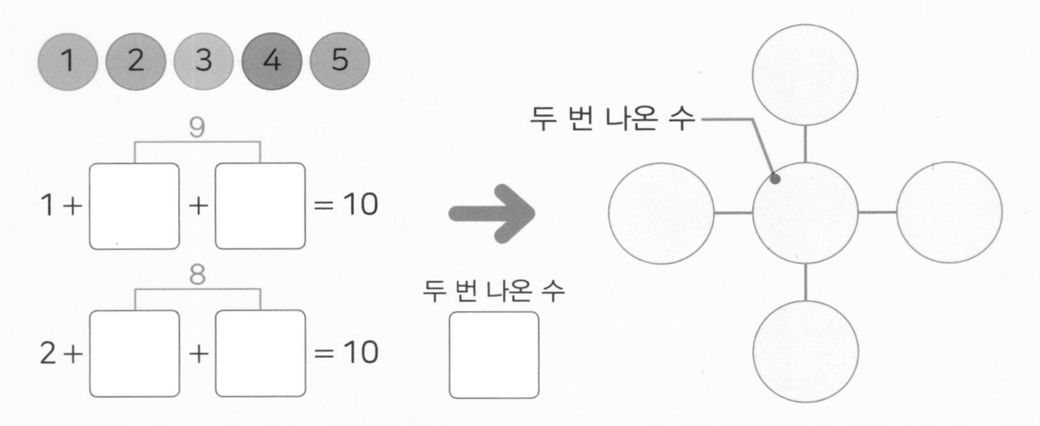

◉ 세 수의 합: 15

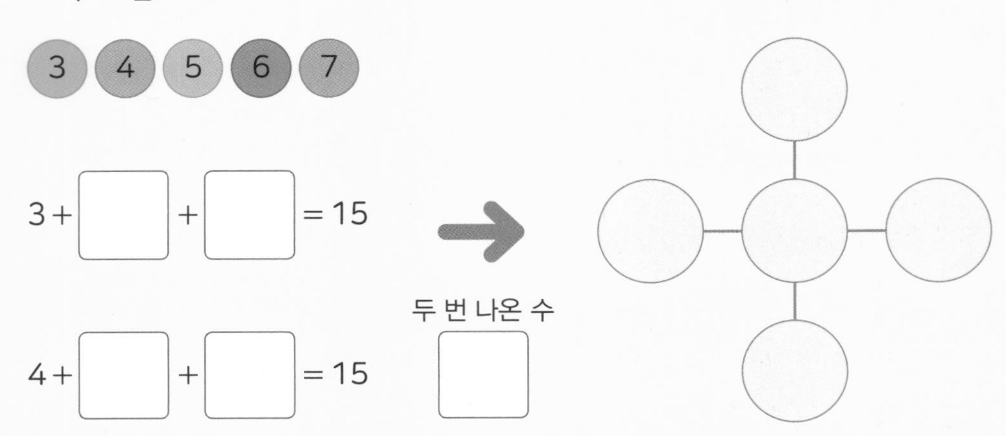

주어진 구슬 6개를 한 번씩 이용하여 한 줄에 놓인 세 수의 합이 각각 11이 되도록 만들어 보세요.

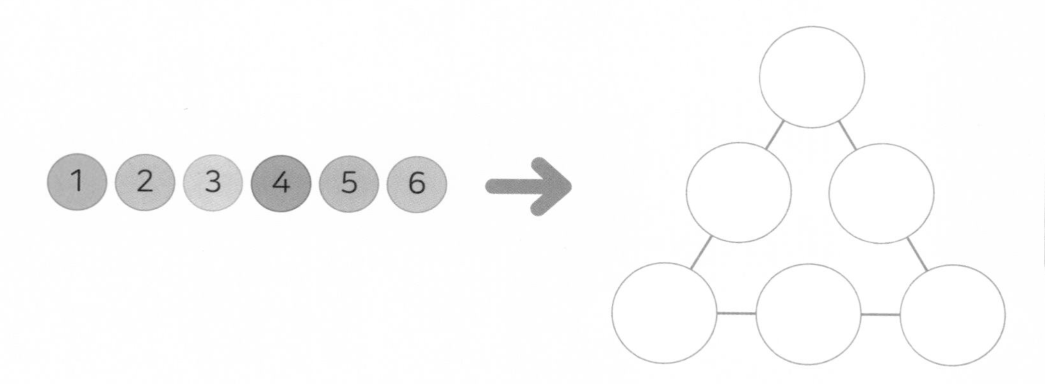

Unit 05

◉ 세 수의 합이 11인 식 3가지를 찾습니다.

□ + □ + □ = 11, □ + □ + □ = 11,

□ + □ + □ = 11

◉ 위의 식에서 두 번 나온 수인 □, □, □ 을 모서리에 넣습니다.

◉ 한 줄에 놓인 세 수의 합이 각각 □ 이 되도록 나머지 수를 넣습니다.

정답 ≫ 94쪽

덧셈 배열 ① | 수와 연산 |

서로 다른 6점도미노 4개를 다음과 같은 모양으로 놓았습니다. 가로줄과 세로줄에 있는 점의 개수의 합이 각각 안의 수가 되도록 빈 곳에 알맞은 개수의 점을 나타내어 보세요.

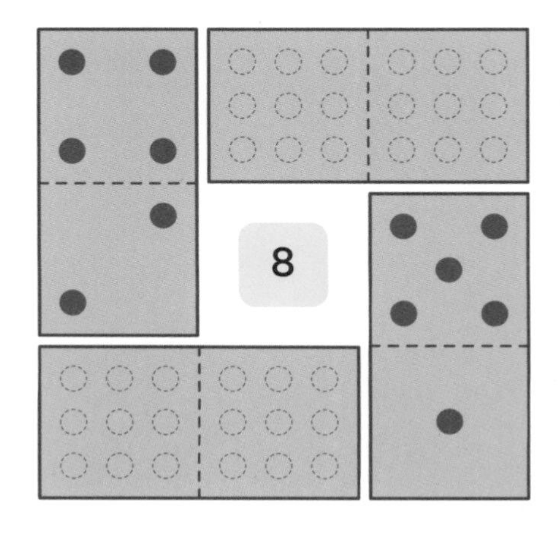

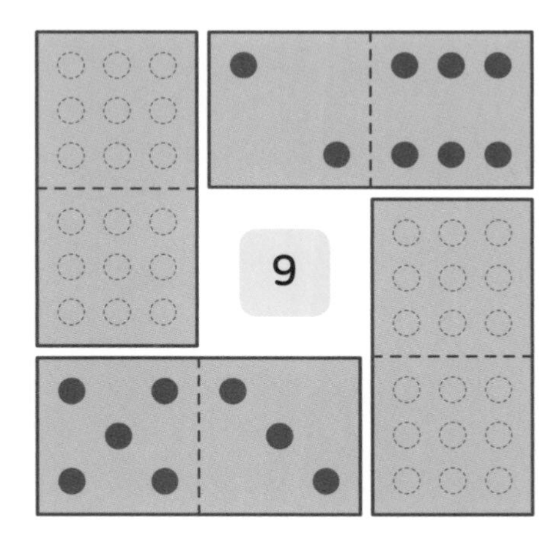

주어진 6점도미노를 제시된 모양으로 놓으려고 합니다. 가로줄과 세로줄에 있는 점의 개수의 합이 각각 ▢ 안의 수가 되도록 빈 곳에 알맞은 개수의 점을 나타내어 보세요.

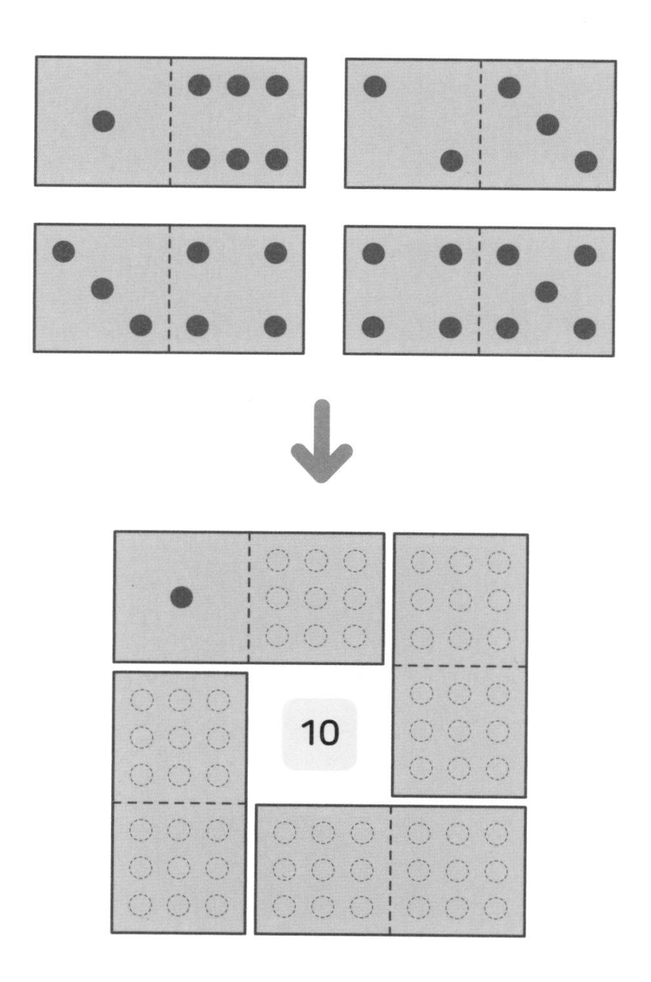

정답 ≫ 94쪽

Unit 05

03 덧셈 배열 ② | 수와 연산 |

서로 다른 6점도미노 6개를 주어진 <조건>을 만족하도록 제시된 모양으로 놓으려고 합니다. 물음에 답하세요. (단, 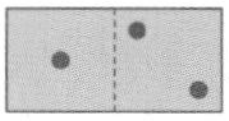와 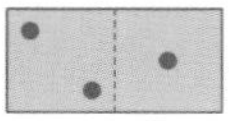은 한 가지 모양으로 봅니다.)

조건

① 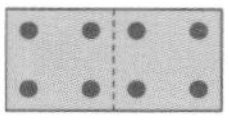를 반드시 이용합니다.

② 6점도미노의 모든 점의 개수의 합은 50입니다.

③ 가로줄과 세로줄에 있는 점의 개수의 합은 각각 17입니다.

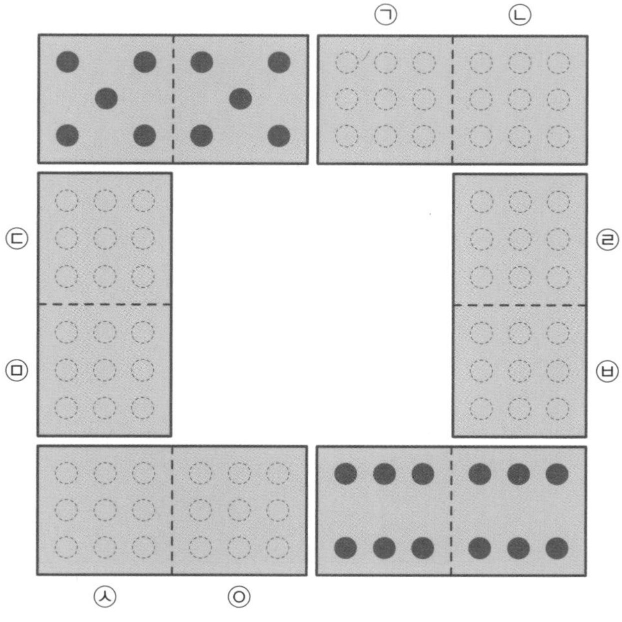

Unit 05

◉ 6점도미노를 배열하는 과정 중 일부를 나타낸 것입니다. 빈칸에 알맞은 수를 써넣어 보세요.

◉ 각 칸의 점의 개수를 ㉠~㉧이라 합니다.

◉ ㉠과 ㉡의 합은 □ 입니다.

◉ ㉦과 ㉧의 합은 □ 입니다.

◉ 윗줄과 아랫줄의 점의 개수의 합은 □ 입니다.

◉ ㉢, ㉣, ㉤, ㉥의 합은 50 − □ = □ 이고, 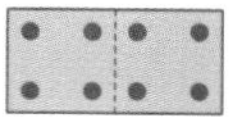

를 사용해야 하므로 ㉢, ㉤과 ㉣, ㉥의 합은 각각 □ 입니다.

◉ ㉡은 17 − □ − □ = □ 입니다.

◉ ㉦은 17 − □ − □ = □ 입니다.

⋮

◉ 왼쪽의 빈 곳에 알맞은 개수의 점을 나타내어 보세요.

정답 ≫ 95쪽

작은 정사각형 안에 3부터 11까지의 수를 한 번씩 써넣어 가로, 세로, 대각선에 놓인 세 수의 합이 모두 같은 마방진을 만들려고 합니다. 물음에 답하세요.

6	㉠	4
㉡	7	㉢
㉣	㉤	㉥

◉ ㉠~㉥ 중에서 가장 먼저 구할 수 있는 수는 무엇인지 찾고, 그 이유를 설명해 보세요

◉ 위에서 고른 수를 구해 보세요.

◉ 가로, 세로, 대각선에 놓인 세 수의 합이 각각 21인 마방진을 만들려고 합니다. 각 칸에 알맞은 수를 구해 마방진을 완성해 보세요.

6		4
	7	

안쌤 Tip

정사각형 안에서 가로, 세로, 대각선에 놓은 수들의 합이 모두 같아지도록 배열한 것을 마방진이라 해요.

◉ 다음과 같은 <방법>으로 왼쪽에서 완성한 마방진을 6점도미노로 나타내어 보세요.

방법

① 서로 다른 6점도미노 9개를 3줄로 나열합니다.

② 왼쪽 마방진의 작은 정사각형 안의 수는 6점도미노 1개의 점의 개수와 같습니다.

③ 짝수는 양쪽 점의 개수가 같은 6점도미노로 나타냅니다.

④ 홀수는 왼쪽 점보다 오른쪽 점의 개수가 1개 더 많은 6점도미노로 나타냅니다.

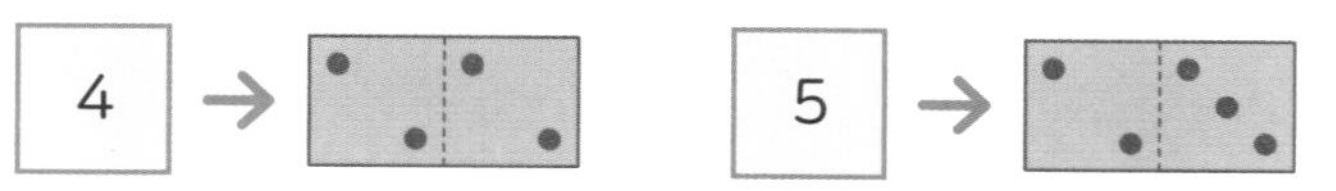

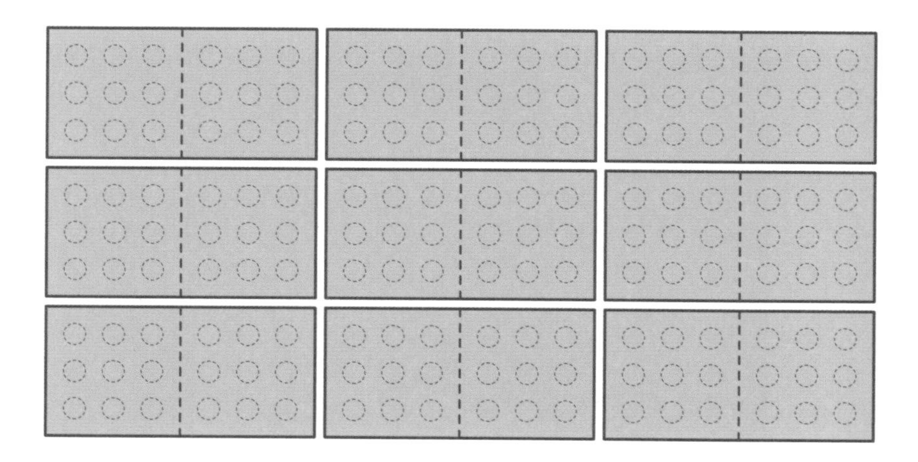

정답 ≫ 95쪽

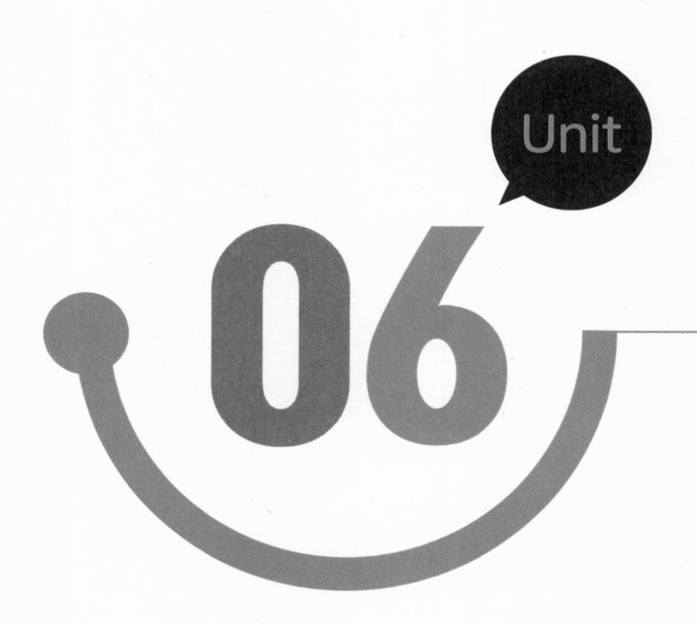

배수

| 수와 연산 |

배수를 알아봐요!

Unit 06 02 2의 배수

Unit 06 03 3의 배수

Unit 06 04 9의 배수

Unit 06

01 배수 알아보기 | 수와 연산 |

4의 몇 배를 곱셈식으로 알아보세요.

$4 \times 1 = 4$ → 4를 1배 한 수는 4입니다.

$4 \times 2 =$ ☐ → 4를 2배 한 수는 ☐ 입니다.

$4 \times 3 =$ ☐ → 4를 ☐ 배 한 수는 ☐ 입니다.

⋮ ⋮

- 4, 8, 12, …는 4를 ☐ 배, ☐ 배, ☐ 배, … 한 수입니다.
- 4, 8, 12, …는 ☐ 로 나누어떨어집니다.
- 4, 8, 12, …는 ☐ 의 배수입니다.

→ 어떤 수를 1배, 2배, 3배, … 한 수를 그 수의 ☐ 라 합니다.

다음은 6점도미노로 만든 네 자리 수를 나타낸 것입니다. 이와 같은 방법으로 6점도미노로 만든 수를 쓰고, 5의 배수에 ○표 해 보세요.

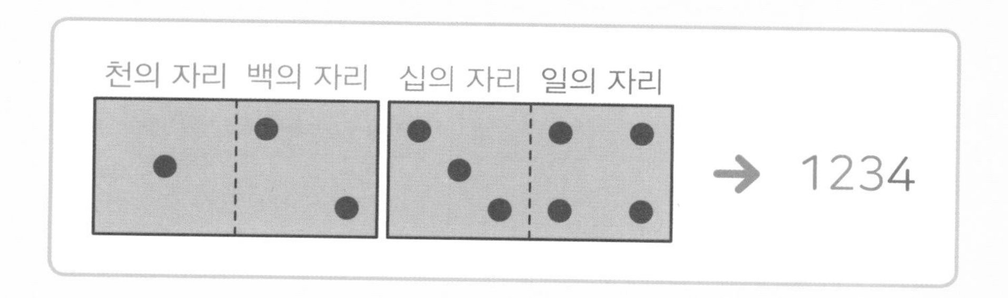

6점도미노	수	5의 배수

어떤 수가 5의 배수인지 알 수 있는 방법을 설명해 보세요.

정답 ≫ 96쪽

2의 배수 | 수와 연산 |

주어진 6점도미노를 한 번씩 이용하여 네 자리 수를 만들려고 합니다. 물음에 답하세요.

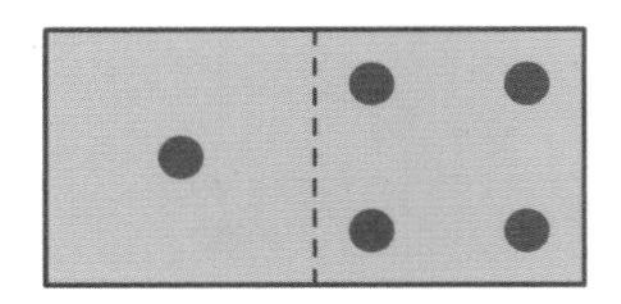
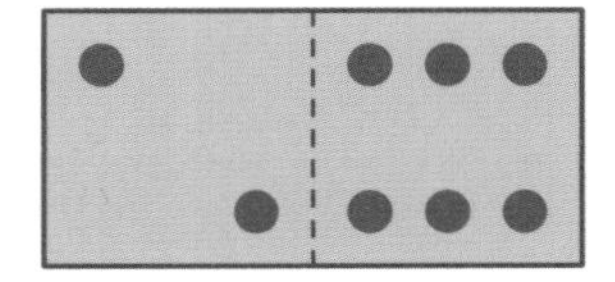

◉ 만들 수 있는 네 자리 수를 모두 써 보세요.

◉ 만든 네 자리 수 중에서 2의 배수를 찾아보세요.

◉ 위에서 찾은 2의 배수의 공통점을 설명해 보세요.

주어진 6점도미노를 한 번씩 이용하여 만든 네 자리 수인 2의 배수 중에서 가장 큰 수와 가장 작은 수를 나타내어 보세요. 또, 나타낸 수를 빈칸에 써넣어 보세요.

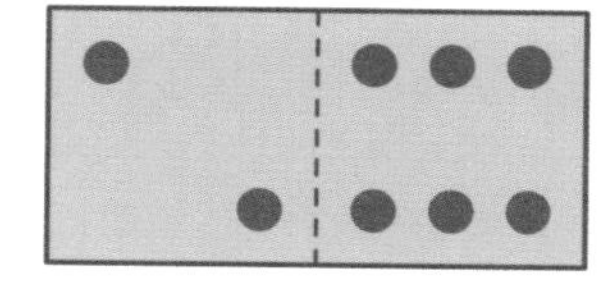
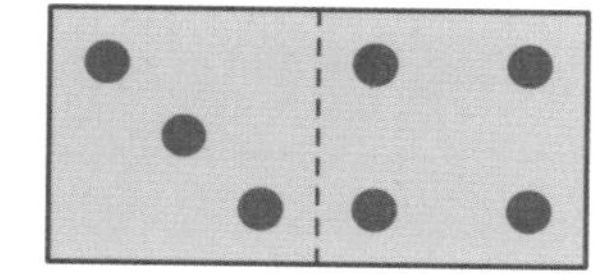

◉ 가장 큰 2의 배수

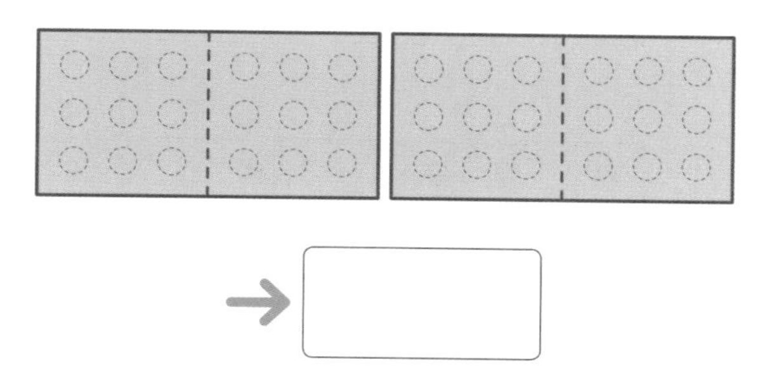

→

◉ 가장 작은 2의 배수

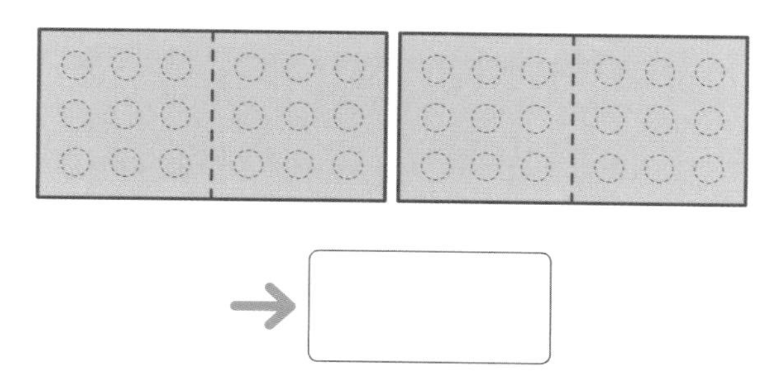

→

Unit 06

정답 » 96쪽

3의 배수 | 수와 연산 |

다음은 6점도미노로 만든 4개의 네 자리 수입니다. 3의 배수를 찾아 보고, 공통점을 설명해 보세요

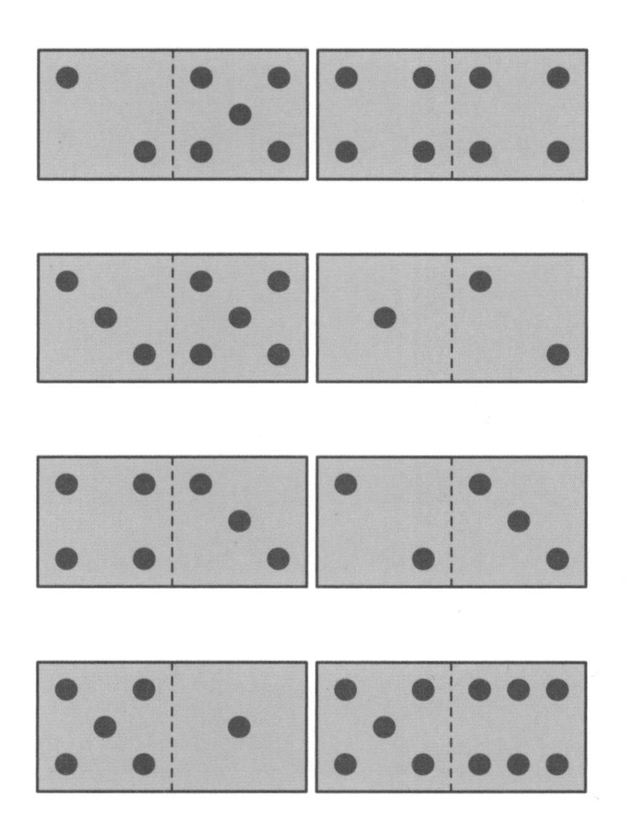

◉ 3의 배수:

◉ 공통점:

주어진 6점도미노를 한 번씩 이용하여 네 자리 수인 3의 배수를 4가지 만들어 보세요.

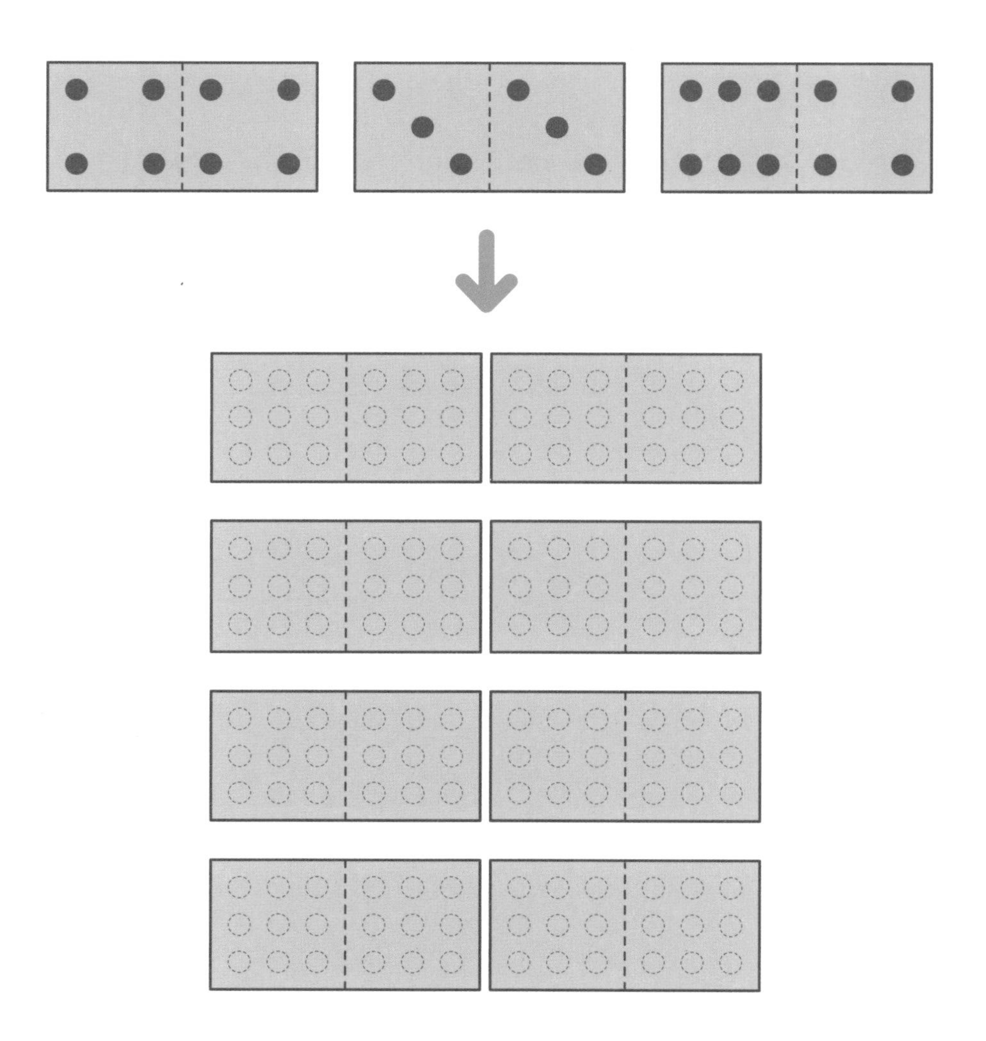

정답 ≫ 97쪽

9의 배수 | 수와 연산 |

서로 다른 6점도미노를 이용하여 네 자리 수인 9의 배수를 만들어 보고, 9의 배수의 공통점을 설명해 보세요.

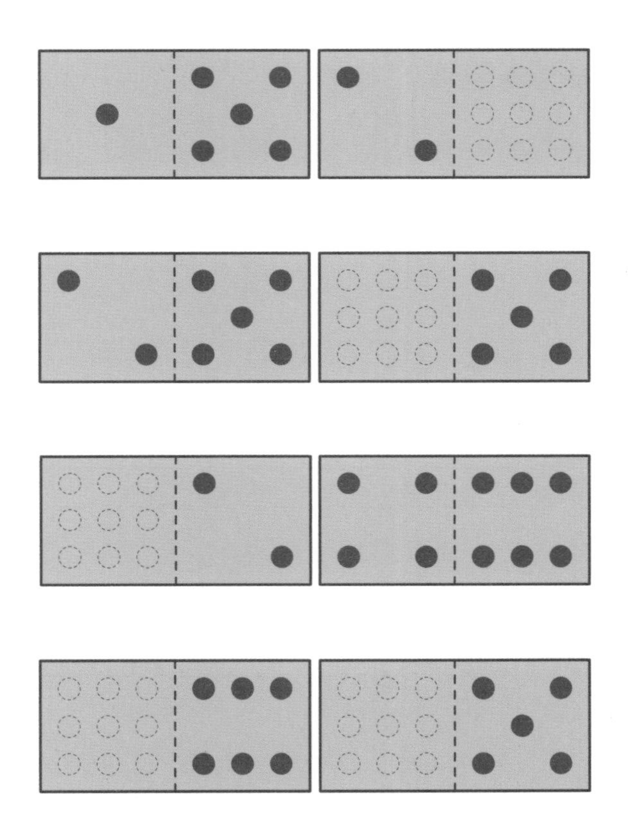

⊙ 공통점:

서로 다른 6점도미노를 이용하여 <조건>을 만족하는 여섯 자리 수를 만들어 보세요. 또, 만든 수를 빈칸에 써넣어 보세요.

조건

① 십만 자리 수는 6입니다.

② 일의 자리 수와 십의 자리 수의 합은 10입니다.

③ 백의 자리 수는 일의 자리 수보다 2가 작고, 만의 자리 수와 같습니다.

④ 만든 여섯 자리 수는 5의 배수이면서 9의 배수입니다.

Unit 06

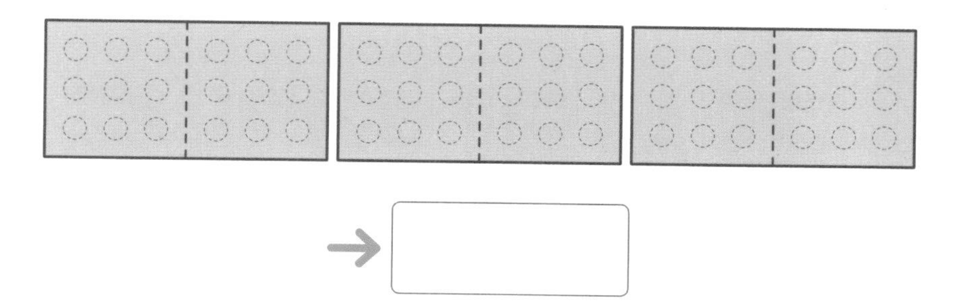

→

정답 » 97쪽

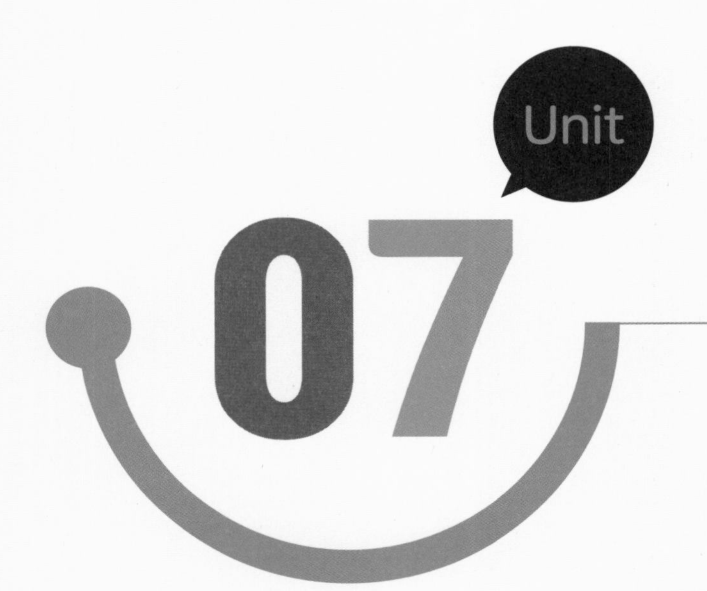

주사위 전개도

| 도형 |

6점도미노를 이용하여 **주사위 전개도**를 만들어 봐요!

Unit 07 01 **주사위의 눈**

Unit 07 02 **주사위 전개도 ①**

Unit 07 03 **주사위 전개도 ②**

Unit 07 04 **주사위 전개도 ③**

Unit 07

01 주사위의 눈 | 도형 |

주사위의 보이지 않는 면의 눈의 수를 구해 보세요.

정육면체로 된 주사위에는 1, 2, 3, 4, 5, 6을 나타내는 6개의 눈이 있습니다. 주사위 눈의 위치에는 7점 원리라는 규칙이 있습니다. 7점 원리란 주사위의 서로 마주 보는 두 면의 눈의 수의 합이 반드시 7이 되는 것으로 눈의 수가 1인 면과 마주 보는 면의 눈의 수는 6, 2인 면과 마주 보는 면의 눈의 수는 ☐, 3인 면과 마주 보는 면의 눈의 수는 ☐ 입니다.

◉ 주사위 바닥면에 적힌 눈의 수를 구해 보세요.

◉ 3개의 주사위 바닥면에 적힌 눈의 수의 합을 구해 보세요.

※ 주사위의 전개도(105쪽)를 학습에 활용해 보세요.

주사위의 전개도로 알맞은 것에 ○표 하세요.

(단, 주사위의 서로 마주 보는 두 면의 눈의 수의 합은 7입니다.)

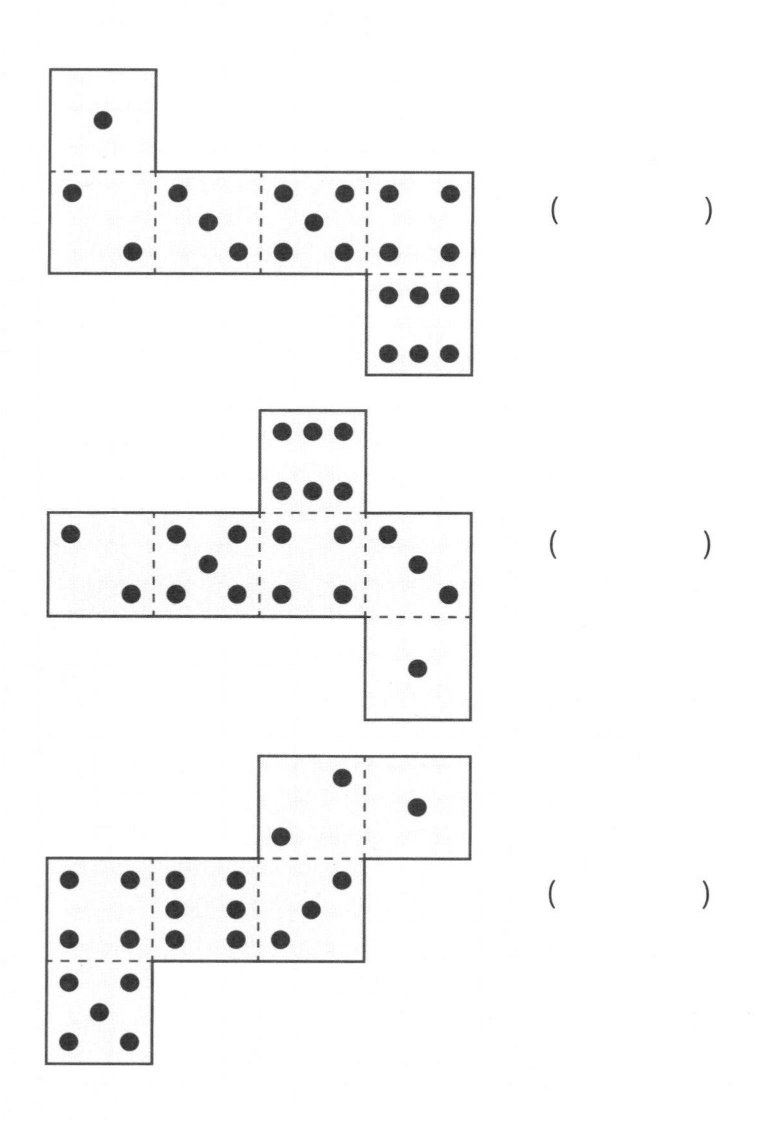

( )

( )

( )

Unit 07

정답 98쪽

주사위 전개도 ① | 도형 |

정육면체의 전개도 위에 6점도미노를 올려놓아 주사위의 전개도를 만들려고 합니다. 빈 곳에 알맞은 개수의 점을 나타내어 보세요.

(단, 주사위의 서로 마주 보는 두 면의 눈의 수의 합은 7입니다.)

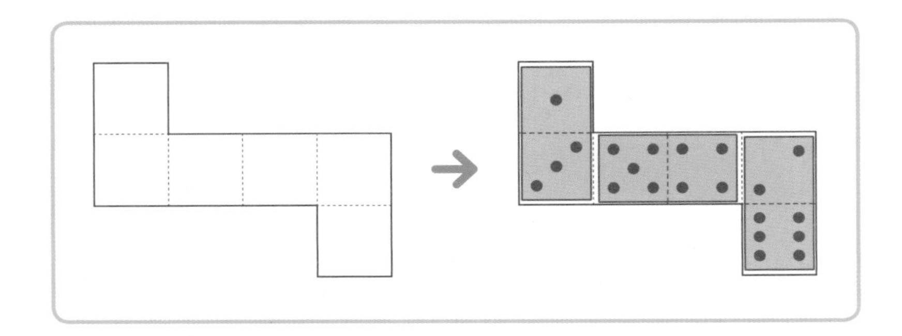

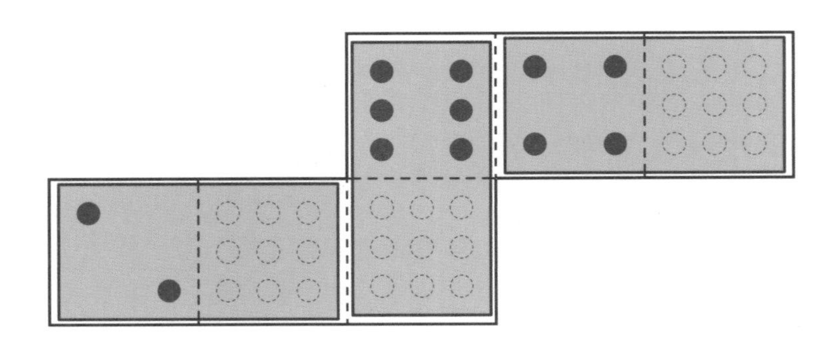

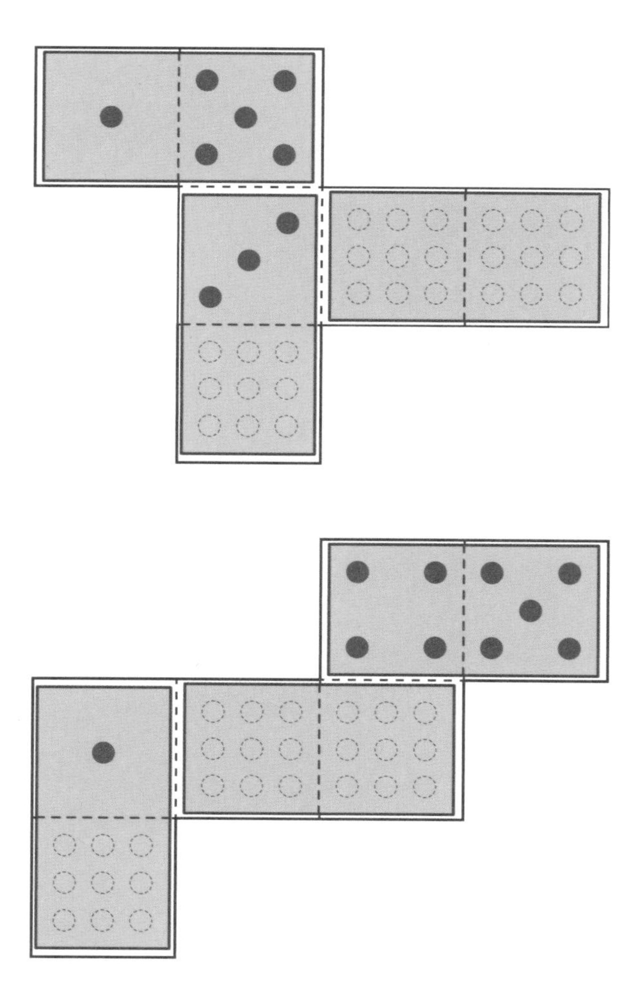

정답 98쪽

주사위 전개도 ② | 도형 |

정육면체의 전개도 위에 주어진 6점도미노를 올려놓아 주사위의 전개도를 만들려고 합니다. 빈 곳에 알맞은 개수의 점을 나타내어 보세요.

(단, 주사위의 서로 마주 보는 두 면의 눈의 수의 합은 7입니다.)

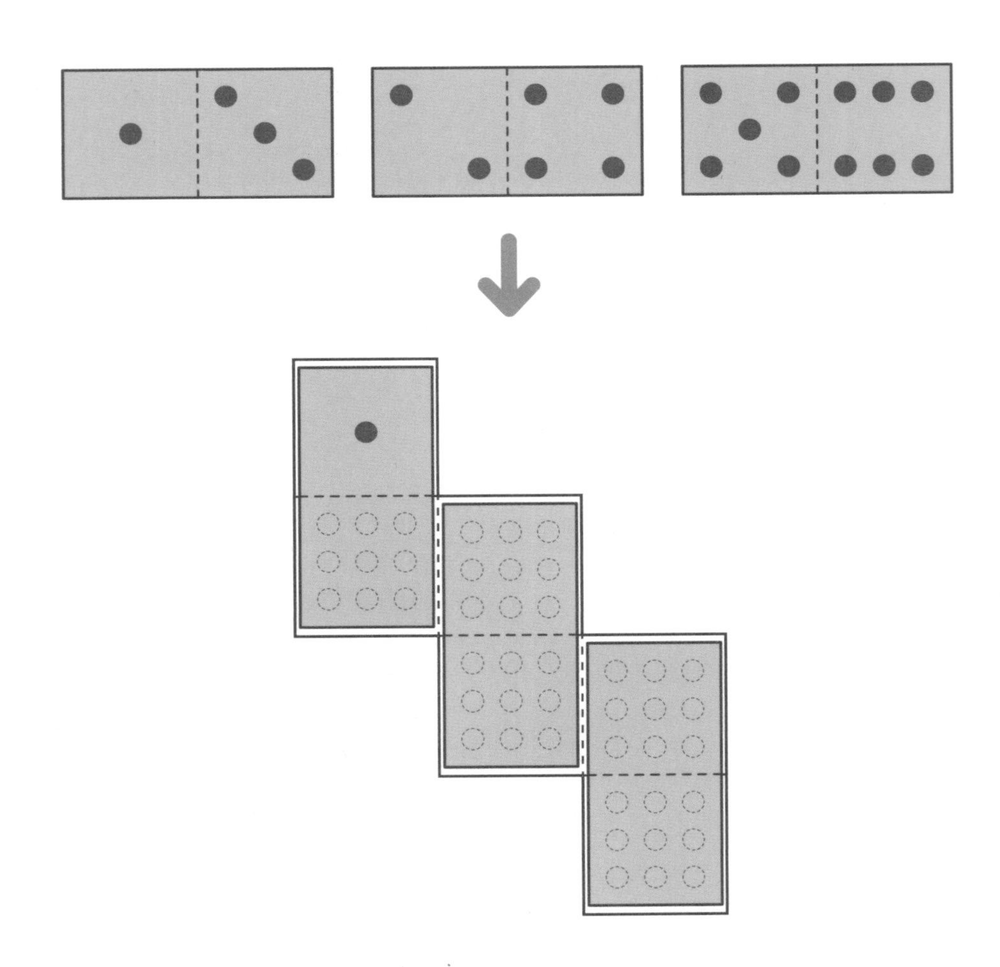

주어진 6점도미노 4개 중에서 3개를 이용하여 주사위의 전개도를 만들려고 합니다. 빈 곳에 알맞은 개수의 점을 나타내어 보세요.

(단, 주사위의 서로 마주 보는 두 면의 눈의 수의 합은 7입니다.)

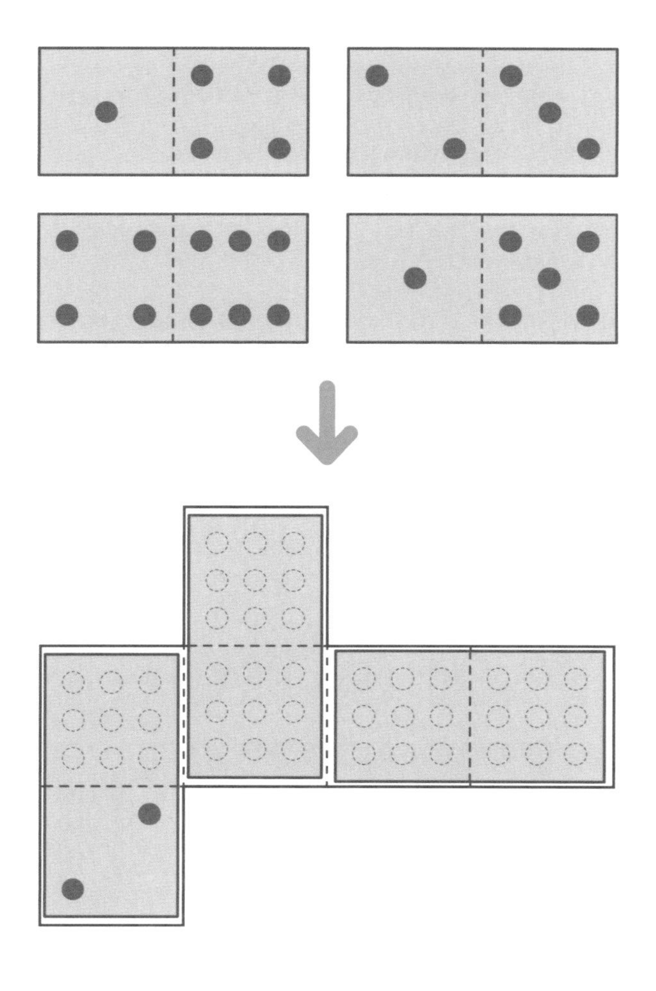

정답 ≫ 99쪽

주사위 전개도 ③ | 도형 |

다음과 같은 <방법>으로 주어진 6점도미노 6개 중에서 3개를 이용하여 서로 다른 모양의 주사위의 전개도를 2가지 만들어 보세요.

(단, 주사위의 서로 마주 보는 두 면의 눈의 수의 합은 7입니다.)

방법

① 가장 먼저 주사위를 만들 수 있는 전개도의 전체 모양을 정한 후 오른쪽에 그립니다.

② 주어진 6점도미노 중 전개도에 첫 번째로 올려놓을 6점도미노를 고릅니다.

③ ②의 6점도미노를 내가 그린 전개도 위에 올려놓습니다.

④ 마주 보는 두 면의 점의 개수를 생각하며 6점도미노를 올려놓아 전개도를 완성합니다.

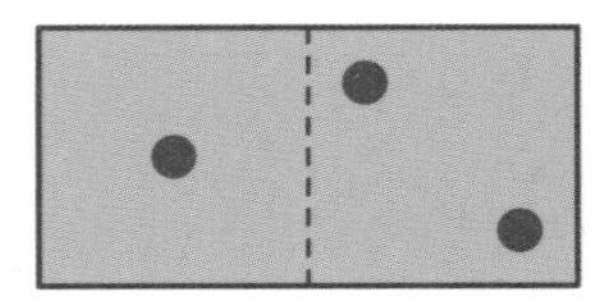
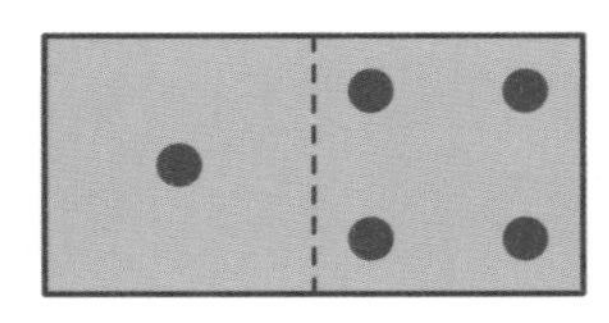
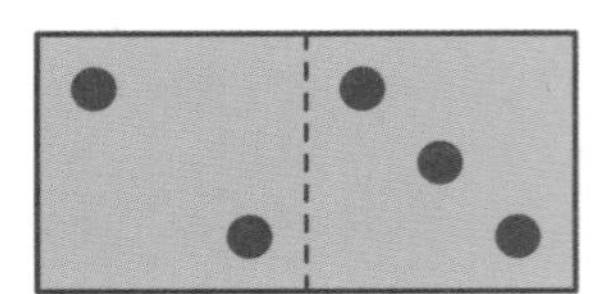

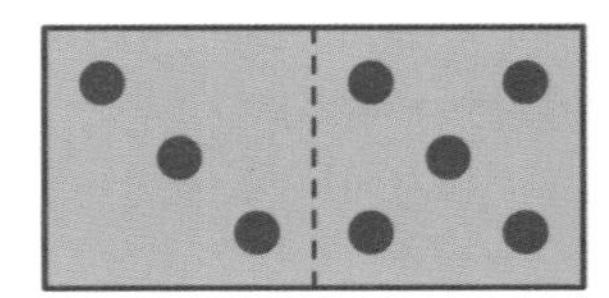
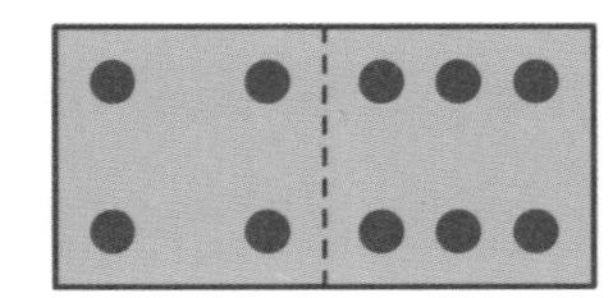
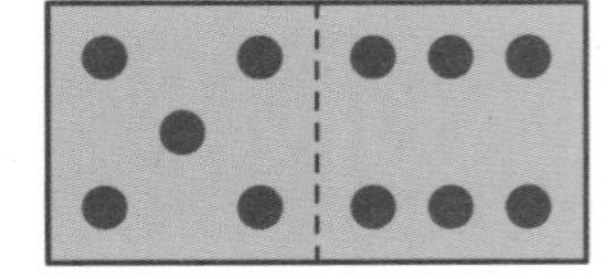

◉ 전개도 1

◉ 전개도 2

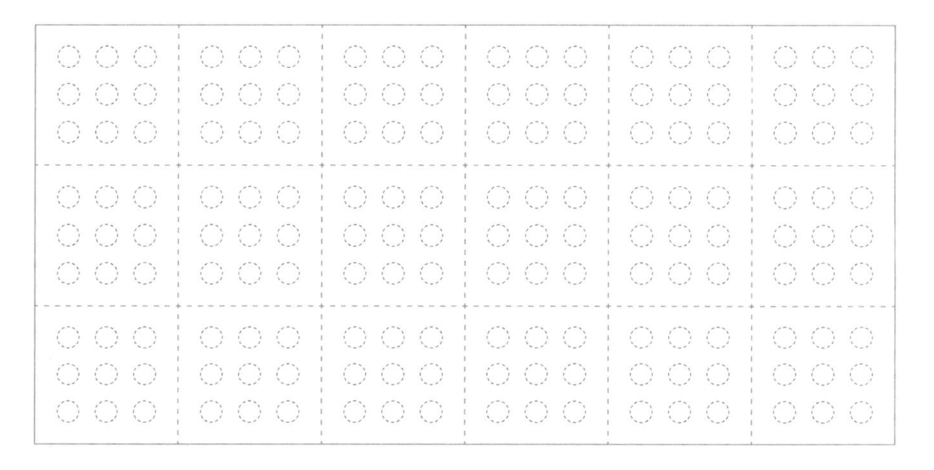

정답 ≫ 99쪽

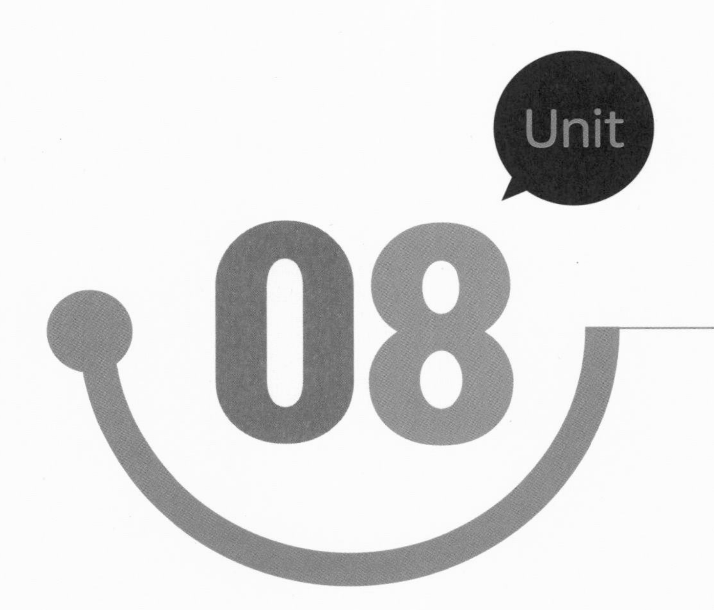

6점도미노 퍼즐

| 문제 해결 |

숫자판 위에 6점도미노를 올려놓는 **퍼즐**을 풀어 봐요!

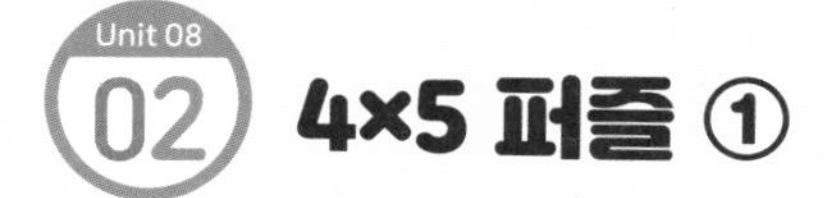

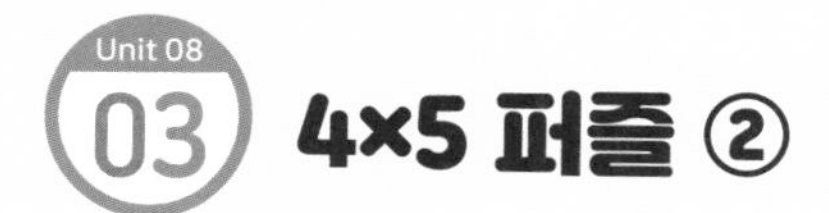

6점도미노 퍼즐 | 문제 해결 |

6점도미노 퍼즐의 <규칙>을 알아보세요.

규칙

① 숫자판 위의 숫자와 6점도미노 한 칸의 점의 개수가 같도록 서로 다른 6점도미노를 올려놓습니다.

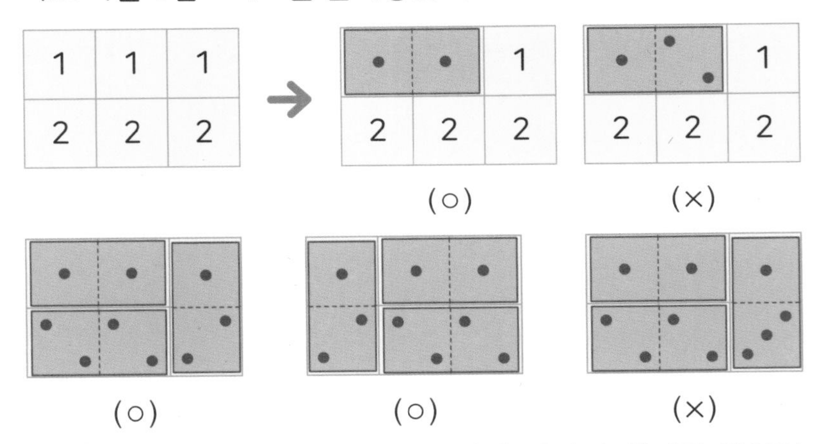

② 6점도미노가 서로 겹치거나 숫자판에 빈칸이 생기지 않아야 합니다.

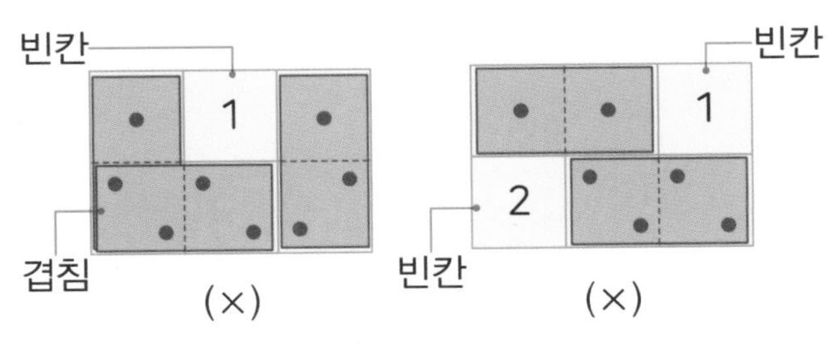

안쌤 Tip

숫자판에 올려놓을 수 있는 곳이 한 군데뿐인 6점도미노를 가장 먼저 올려놓은 후 나머지 6점도미노를 올려놓아요.

6점도미노 퍼즐을 풀려고 합니다. 물음에 답하세요.

1	3	1	1
1	2	3	3
3	2	2	2

◉ 21개의 6점도미노 중에서 숫자판 위에 올려놓을 수 있는 6점도미노는 모두 6개입니다. 올려놓을 수 있는 6점도미노를 모두 찾아보세요.

◉ 위에서 찾은 6개의 6점도미노 중에서 숫자판 위에 올려놓을 수 있는 곳이 한 군데뿐인 6점도미노를 모두 찾아보고, 숫자판에 표시해 보세요.

◉ 위의 퍼즐을 풀어 보세요.

정답 ≫ 100쪽

4×5 퍼즐 ① | 문제 해결 |

6점도미노 퍼즐을 풀어 보세요.

2	1	1	2
3	4	3	1
2	2	1	4
4	3	4	3
2	3	4	1

◉ 숫자판 위에 올려놓을 수 있는 6점도미노는 모두 10개입니다. 숫자판 위에 올려놓을 수 있는 6점도미노를 모두 찾아보세요.

◉ 퍼즐을 풀 때 숫자판 위에 6점도미노를 올려놓는 방법을 설명해 보세요.

◉ [• ¦ •] 을 6점도미노 (1, 1)로 나타냅니다.

◉ 첫 번째로 숫자판 위에 올려놓을 수 있는 곳이 한 군데뿐인 6점 도미노 (,), (,), (,), (,)를 가장 먼저 올려놓았습니다.

◉ 두 번째로 숫자판 위에 올려놓을 수 있는 곳이 한 군데뿐인 6점 도미노 (,), (,), (,)를 올려놓았습니다.

◉ 세 번째로 숫자판 위에 올려놓을 수 있는 곳이 한 군데뿐인 6점도미노 (,)를 올려놓았습니다.

◉ 네 번째로 남은 6점도미노 (,), (,)를 올려놓았습니다.

Unit 08

정답 ≫ 100쪽

4×5 퍼즐 ② | 문제 해결 |

6점도미노 퍼즐을 풀기 위해서 가장 먼저 올려놓을 수 있는 6점도미노를 찾아보세요. 또, 6점도미노 퍼즐을 풀어 보세요.

(단, [• ¦ •] 은 6점도미노 (1, 1)로 나타냅니다.)

1	2	4	1
3	4	2	1
1	4	3	4
3	1	2	3
2	4	2	3

⊙ 가장 먼저 올려놓을 수 있는 6점도미노

(☐ , ☐), (☐ , ☐), (☐ , ☐), (☐ , ☐)

6점도미노 퍼즐을 풀기 위해서 가장 먼저 올려놓을 수 있는 6점도미노를 찾아보세요. 또, 6점도미노 퍼즐을 풀어 보세요.

(단, [• ┊ •] 은 6점도미노 (1, 1)로 나타냅니다.)

4	2	1	1
3	3	1	1
1	2	4	3
3	4	2	2
2	4	4	3

◉ 가장 먼저 올려놓을 수 있는 6점도미노

(☐, ☐), (☐, ☐), (☐, ☐)

Unit 08

정답 ≫ 101쪽

Unit 08

04 퍼즐 완성하기 | 문제 해결 |

숫자판 위에 3개의 6점도미노가 올려져 있습니다. 6점도미노 퍼즐을 풀어 보세요. (단, 처음에 올려져 있는 6점도미노는 옮길 수 없습니다.)

	5	2	4		
	2	3	1	1	4
3	5		3	2	2
1	4		2	3	3
1	4	5	4	5	1

◉ 위의 숫자판 위에 올려놓을 수 있는 6점도미노를 모두 찾아보세요.

◉ 퍼즐을 풀 때 숫자판 위에 6점도미노를 올려놓는 방법을 설명해 보세요.

◉ [• ¦ •] 을 6점도미노 (1, 1)로 나타냅니다.

◉ 숫자판 위에 올려놓을 수 있는 곳이 한 군데뿐인 6점도미노

(☐, ☐), (☐, ☐), (☐, ☐),

(☐, ☐)를 가장 먼저 올려놓았습니다.

◉ 위와 같이 올려놓은 후에는 숫자판 위에 빈칸이 생기지 않도록

6점도미노 (☐, ☐), (☐, ☐), (☐, ☐),

(☐, ☐), (☐, ☐)를 올려놓을 수 있습니다.

◉ 숫자판의 남은 칸에 나머지 6점도미노 (☐, ☐),

(☐, ☐), (☐, ☐)를 알맞은 위치에 올려놓았습니다.

Unit 08

정답 ≫ 101쪽

퍼즐
수학 사고력
UP!
MEMO

정답
확인해 볼까요?

Unit 01 6점도미노 | 규칙성 |

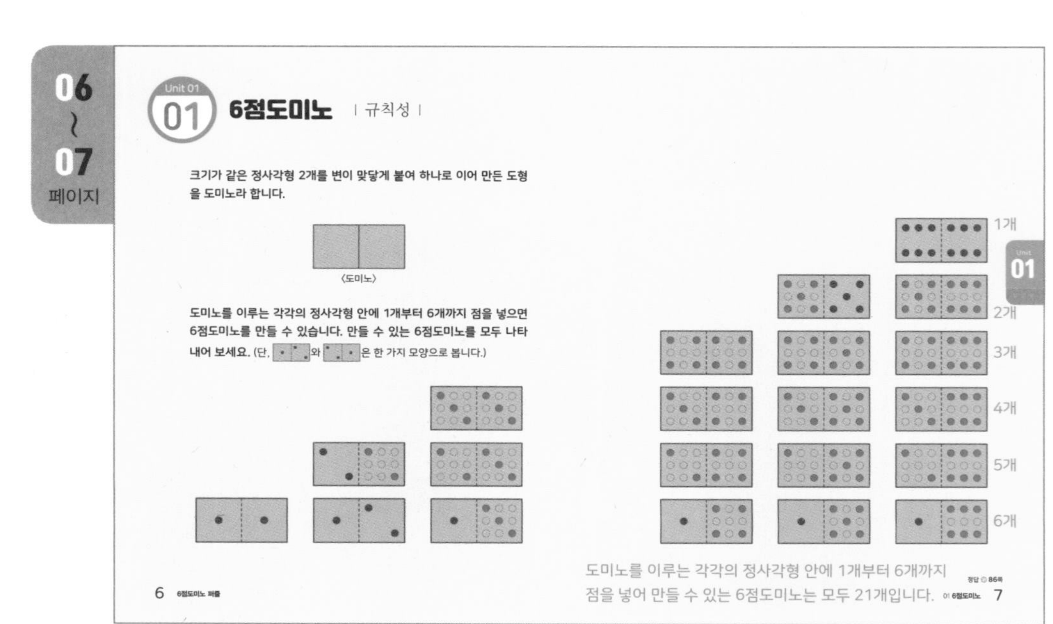

06 ~ 07 페이지
Unit 01 01 6점도미노 | 규칙성 |
크기가 같은 정사각형 2개를 변이 맞닿게 붙여 하나로 이어 만든 도형을 도미노라 합니다.
〈도미노〉
도미노를 이루는 각각의 정사각형 안에 1개부터 6개까지 점을 넣으면 6점도미노를 만들 수 있습니다. 만들 수 있는 6점도미노를 모두 나타내어 보세요. (단, 와 은 한 가지 모양으로 봅니다.)
1개
2개
3개
4개
5개
6개
도미노를 이루는 각각의 정사각형 안에 1개부터 6개까지 점을 넣어 만들 수 있는 6점도미노는 모두 21개입니다.
6
7

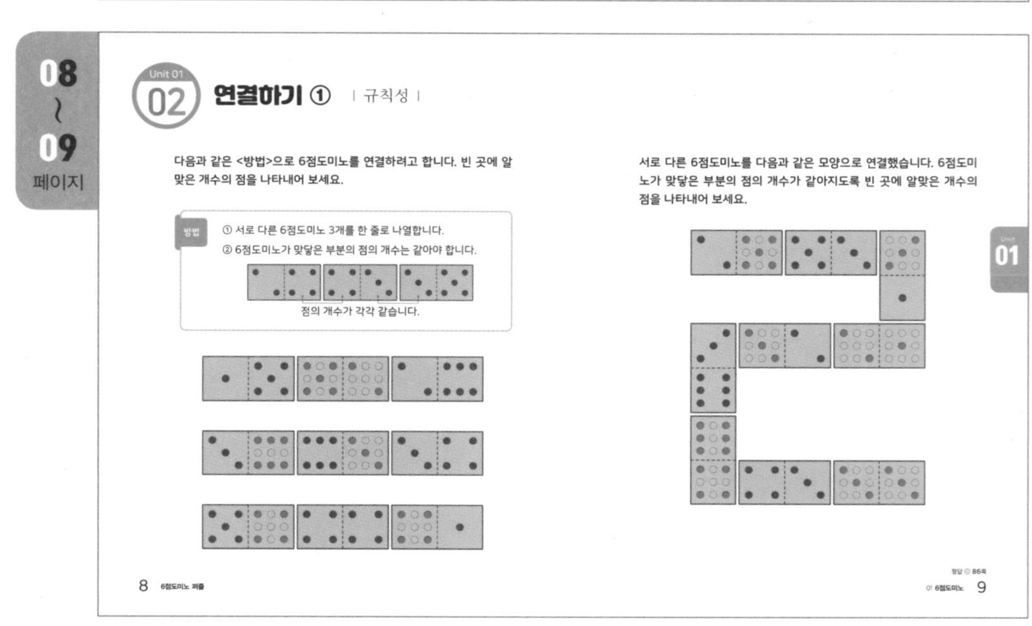

08 ~ 09 페이지
Unit 01 02 연결하기 ① | 규칙성 |
다음과 같은 <방법>으로 6점도미노를 연결하려고 합니다. 빈 곳에 알맞은 개수의 점을 나타내어 보세요.
방법
① 서로 다른 6점도미노 3개를 한 줄로 나열합니다.
② 6점도미노가 맞닿은 부분의 점의 개수는 같아야 합니다.
점의 개수가 각각 같습니다.
서로 다른 6점도미노를 다음과 같은 모양으로 연결했습니다. 6점도미노가 맞닿은 부분의 점의 개수가 같아지도록 빈 곳에 알맞은 개수의 점을 나타내어 보세요.
8
9

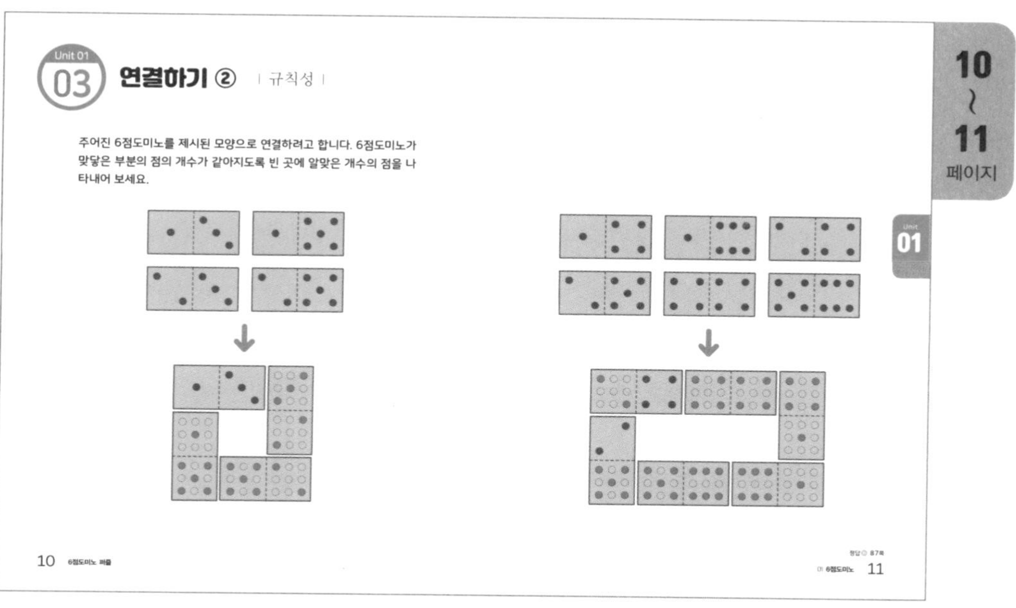
Unit 01
03 연결하기 ② | 규칙성 |
주어진 6점도미노를 제시된 모양으로 연결하려고 합니다. 6점도미노가 맞닿은 부분의 점의 개수가 같아지도록 빈 곳에 알맞은 개수의 점을 나타내어 보세요.
10 6점도미노 퍼즐
정답 ○ 87쪽
01 6점도미노 11
10 ~ 11 페이지
01

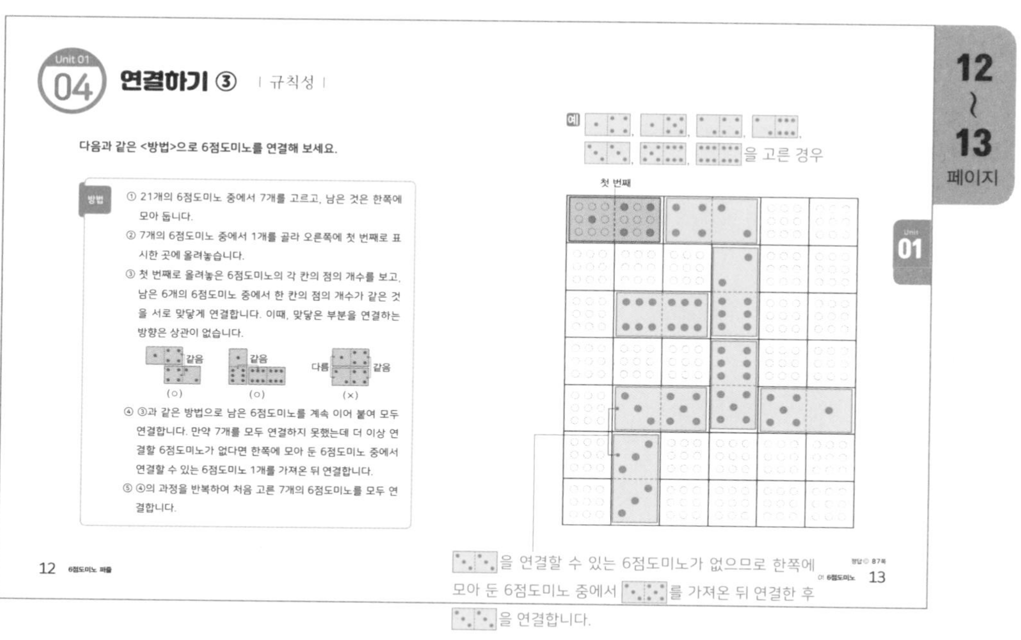
Unit 01
04 연결하기 ③ | 규칙성 |
다음과 같은 <방법>으로 6점도미노를 연결해 보세요.
방법
① 21개의 6점도미노 중에서 7개를 고르고, 남은 것은 한쪽에 모아 둡니다.
② 7개의 6점도미노 중에서 1개를 골라 오른쪽에 첫 번째로 표시한 곳에 올려놓습니다.
③ 첫 번째로 올려놓은 6점도미노의 각 칸의 점의 개수를 보고, 남은 6개의 6점도미노 중에서 한 칸의 점의 개수가 같은 것을 서로 맞닿게 연결합니다. 이때, 맞닿은 부분을 연결하는 방향은 상관이 없습니다.
같음 (○) 같음 (○) 다름 같음 (×)
④ ③과 같은 방법으로 남은 6점도미노를 계속 이어 붙여 모두 연결합니다. 만약 7개를 모두 연결하지 못했는데 더 이상 연결할 6점도미노가 없다면 한쪽에 모아 둔 6점도미노 중에서 연결할 수 있는 6점도미노 1개를 가져온 뒤 연결합니다.
⑤ ④의 과정을 반복하여 처음 고른 7개의 6점도미노를 모두 연결합니다.
예 을 고른 경우
첫 번째
을 연결할 수 있는 6점도미노가 없으므로 한쪽에 모아 둔 6점도미노 중에서 를 가져온 뒤 연결한 후 을 연결합니다.
12 6점도미노 퍼즐
정답 ○ 87쪽
01 6점도미노 13
12 ~ 13 페이지
01

연결 퍼즐 | 수와 연산 |

16~17 페이지

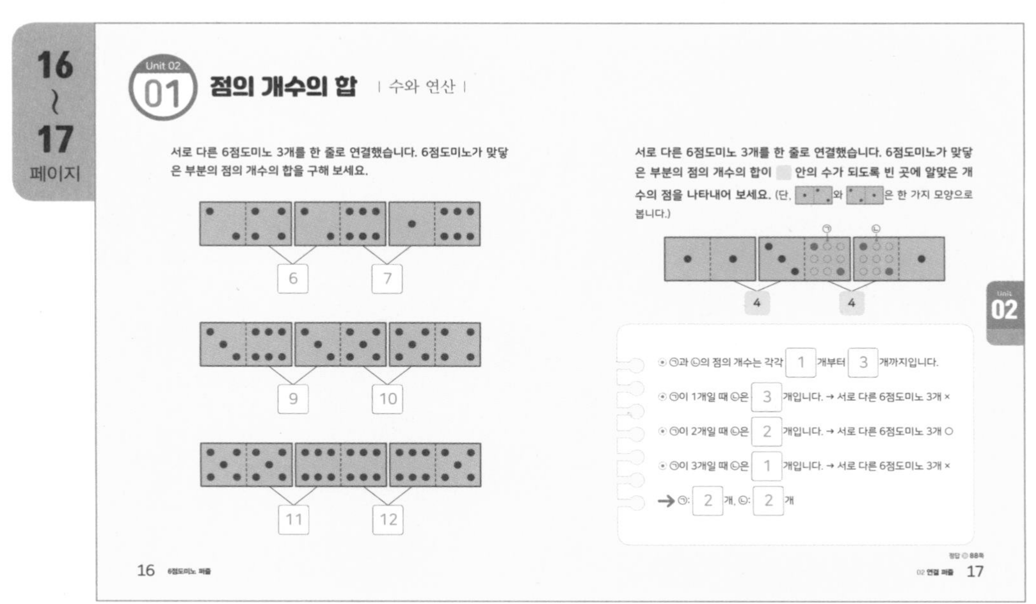

Unit 02
01 점의 개수의 합 | 수와 연산 |
서로 다른 6점도미노 3개를 한 줄로 연결했습니다. 6점도미노가 맞닿은 부분의 점의 개수의 합을 구해 보세요.
6
7
9
10
11
12
서로 다른 6점도미노 3개를 한 줄로 연결했습니다. 6점도미노가 맞닿은 부분의 점의 개수의 합이 안의 수가 되도록 빈 곳에 알맞은 개수의 점을 나타내어 보세요. (단, 와 은 한 가지 모양으로 봅니다.)
4
4
㉠과 ㉡의 점의 개수는 각각 1 개부터 3 개까지입니다.
㉠이 1개일 때 ㉡은 3 개입니다. → 서로 다른 6점도미노 3개 ×
㉠이 2개일 때 ㉡은 2 개입니다. → 서로 다른 6점도미노 3개 ○
㉠이 3개일 때 ㉡은 1 개입니다. → 서로 다른 6점도미노 3개 ×
→ ㉠: 2 개, ㉡: 2 개
16 6점도미노 퍼즐
02 연결 퍼즐 17

18~19 페이지

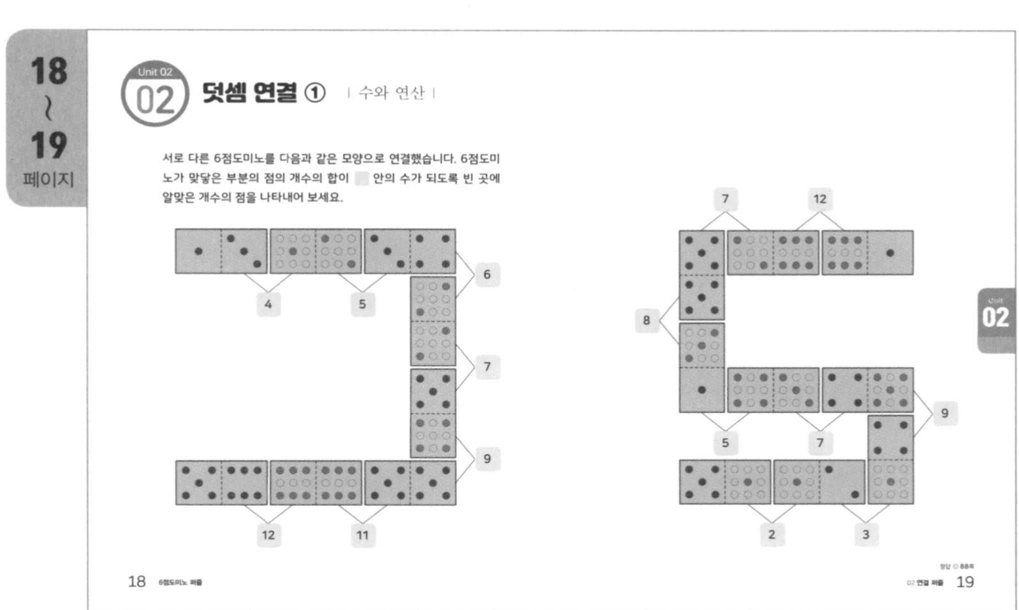

Unit 02
02 덧셈 연결 ① | 수와 연산 |
서로 다른 6점도미노를 다음과 같은 모양으로 연결했습니다. 6점도미노가 맞닿은 부분의 점의 개수의 합이 안의 수가 되도록 빈 곳에 알맞은 개수의 점을 나타내어 보세요.
6
4
5
7
9
12
11
7
12
8
9
5
7
2
3
18 6점도미노 퍼즐
02 연결 퍼즐 19

20 ~ 21 페이지

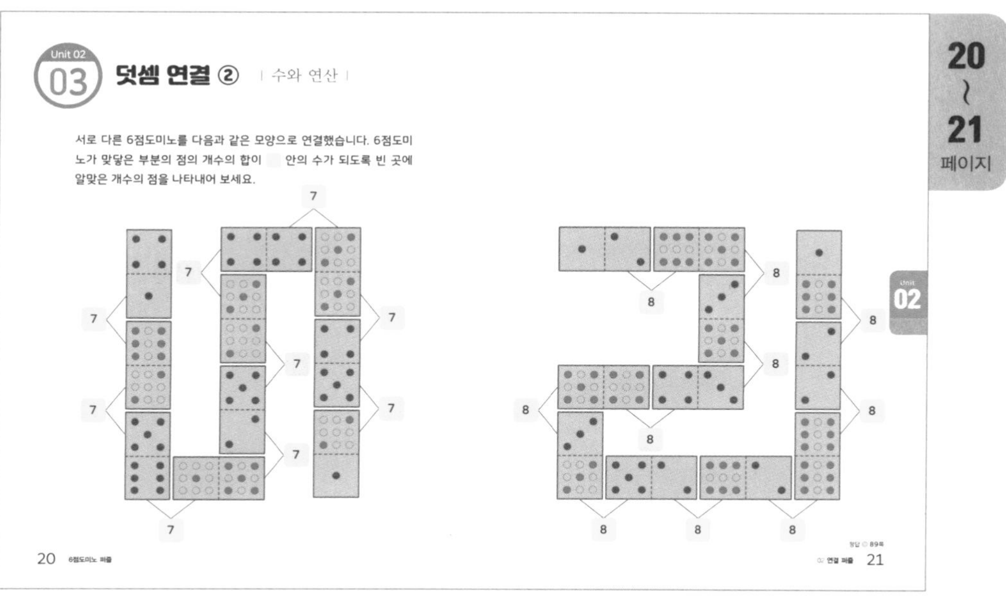

22 ~ 23 페이지

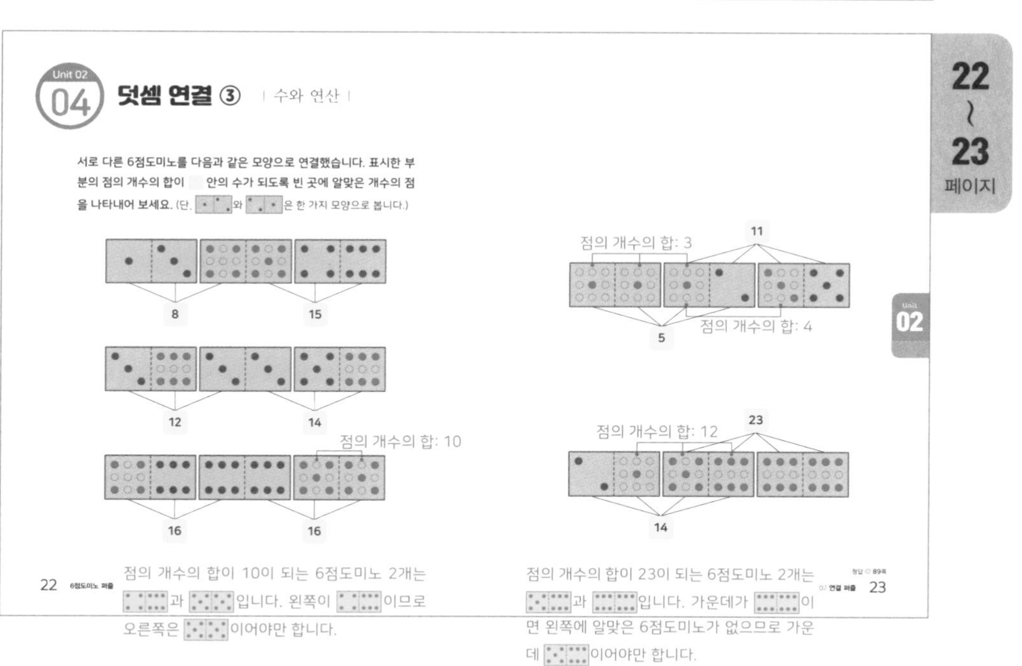

점의 개수의 합이 10이 되는 6점도미노 2개는 과 입니다. 왼쪽이 이므로 오른쪽은 이어야만 합니다.

점의 개수의 합이 23이 되는 6점도미노 2개는 과 입니다. 가운데가 이면 왼쪽에 알맞은 6점도미노가 없으므로 가운데 이어야만 합니다.

Unit

03 배열 퍼즐 ① | 수와 연산 |

26 ~ 27 페이지

Unit 03 01 점의 개수의 합 | 수와 연산 |

서로 다른 6점도미노를 2개씩 한 줄로 놓았습니다. 가로줄에 있는 점의 개수의 합을 빈칸에 써넣어 보세요. 또, 이를 통해 알 수 있는 점을 설명해 보세요.

8

10

12

14

15

15

15

15

⊙ 알 수 있는 점: 왼쪽 6점도미노의 점의 개수는 1 씩 커지고, 오른쪽 6점도미노의 점의 개수는 1 씩 커지므로 가로줄에 있는 점의 개수의 합은 항상 2 씩 커집니다.

⊙ 알 수 있는 점: 왼쪽 6점도미노의 점의 개수는 1 씩 커지고, 오른쪽 6점도미노의 점의 개수는 1 씩 작아지므로 가로줄에 있는 점의 개수의 합은 항상 (같습니다 , 다릅니다).

26 6점도미노 퍼즐

정답 ◎ 90쪽

03 배열 퍼즐 ① 27

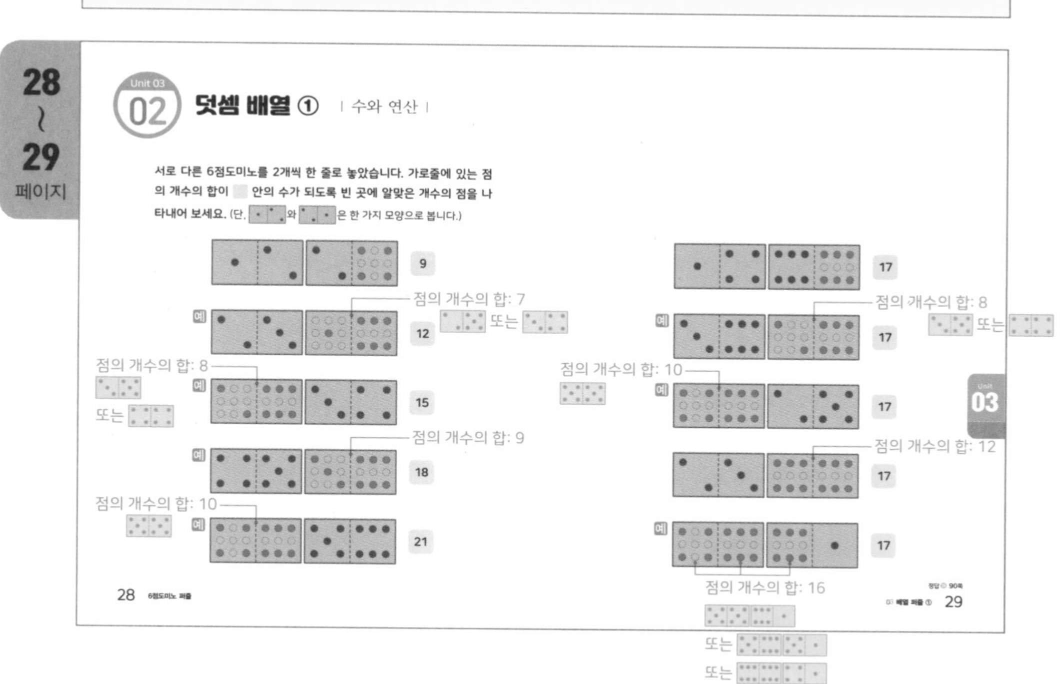
28 ~ 29 페이지

Unit 03 02 덧셈 배열 ① | 수와 연산 |

서로 다른 6점도미노를 2개씩 한 줄로 놓았습니다. 가로줄에 있는 점의 개수의 합이 안의 수가 되도록 빈 곳에 알맞은 개수의 점을 나타내어 보세요. (단, 와 은 한 가지 모양으로 봅니다.)

9

예 12 점의 개수의 합: 7 또는

점의 개수의 합: 8 또는 예 15

예 18 점의 개수의 합: 9

점의 개수의 합: 10 예 21

17

예 17 점의 개수의 합: 8 또는

점의 개수의 합: 10 예 17

17 점의 개수의 합: 12

예 17 점의 개수의 합: 16 또는 또는

28 6점도미노 퍼즐

정답 ◎ 90쪽

03 배열 퍼즐 ① 29

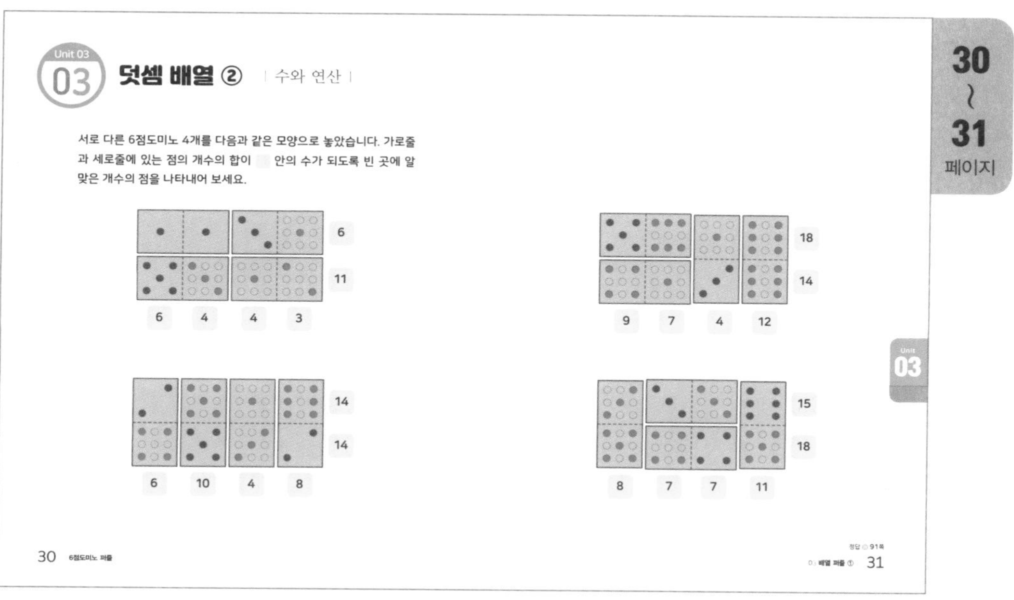
30 ~ 31 페이지

Unit 03

03 덧셈 배열 ② | 수와 연산 |

서로 다른 6점도미노 4개를 다음과 같은 모양으로 놓았습니다. 가로줄과 세로줄에 있는 점의 개수의 합이 안의 수가 되도록 빈 곳에 알맞은 개수의 점을 나타내어 보세요.

30 6점도미노 퍼즐

31

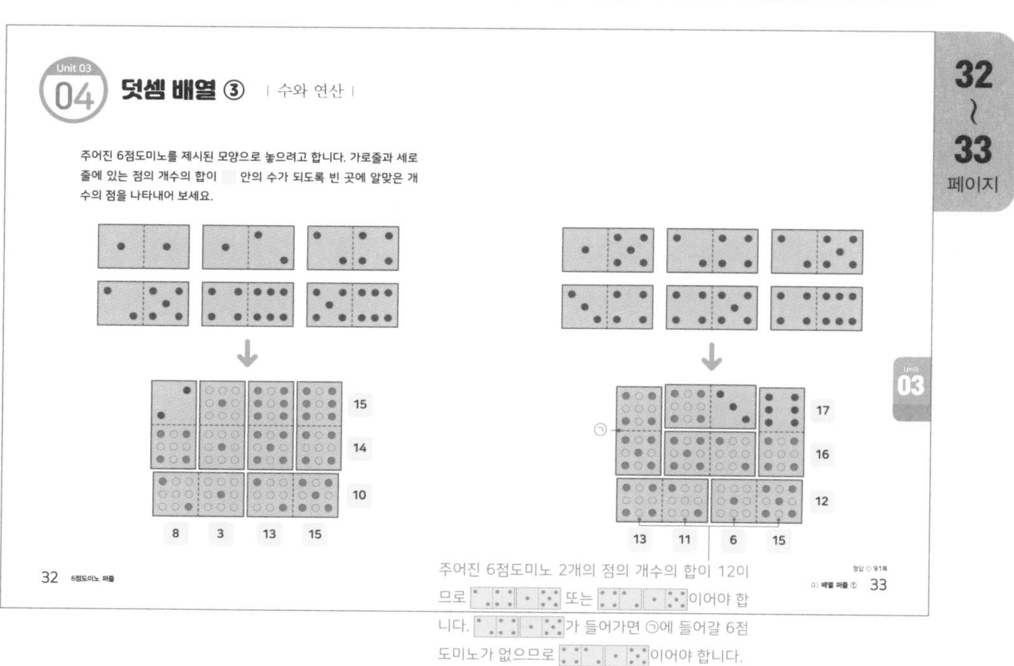
32 ~ 33 페이지

Unit 03

04 덧셈 배열 ③ | 수와 연산 |

주어진 6점도미노를 제시된 모양으로 놓으려고 합니다. 가로줄과 세로줄에 있는 점의 개수의 합이 안의 수가 되도록 빈 곳에 알맞은 개수의 점을 나타내어 보세요.

주어진 6점도미노 2개의 점의 개수의 합이 12이므로 [도미노] 또는 [도미노]이어야 합니다. [도미노]가 들어가면 ㉠에 들어갈 6점도미노가 없으므로 [도미노]이어야 합니다.

32 6점도미노 퍼즐

33

Unit 04 식 만들기 | 수와 연산 |

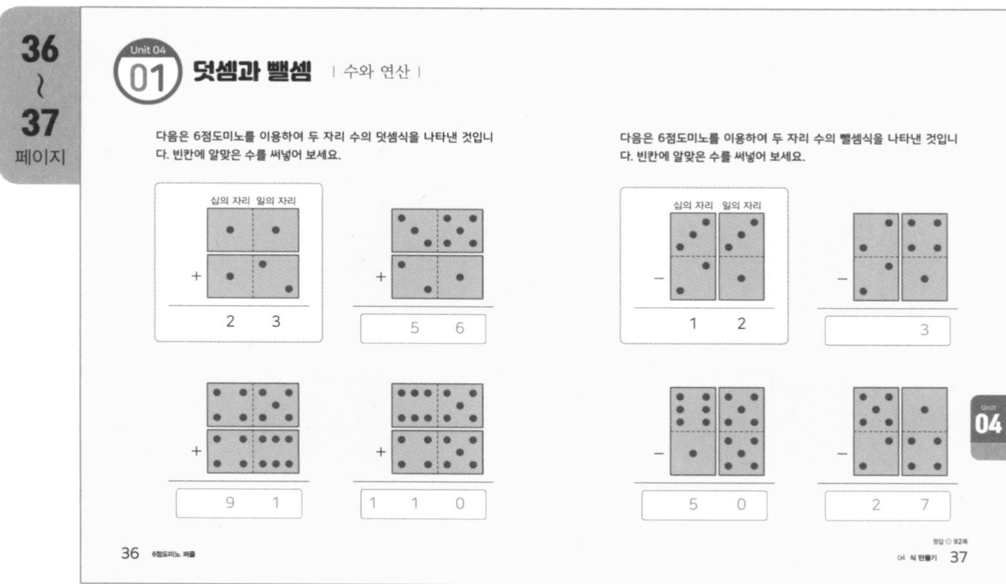

36 ~ 37 페이지
Unit 04 01 덧셈과 뺄셈 | 수와 연산 |
다음은 6점도미노를 이용하여 두 자리 수의 덧셈식을 나타낸 것입니다. 빈칸에 알맞은 수를 써넣어 보세요.
십의 자리 일의 자리
2 3
5 6
9 1
1 1 0
다음은 6점도미노를 이용하여 두 자리 수의 뺄셈식을 나타낸 것입니다. 빈칸에 알맞은 수를 써넣어 보세요.
십의 자리 일의 자리
1 2
3
5 0
2 7

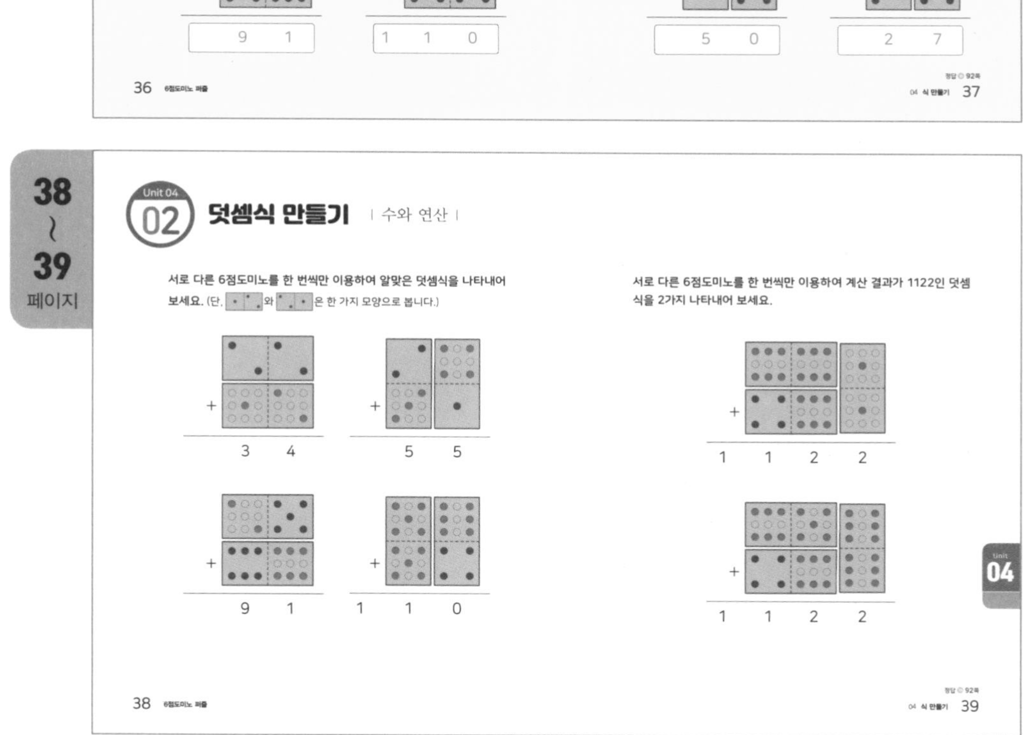

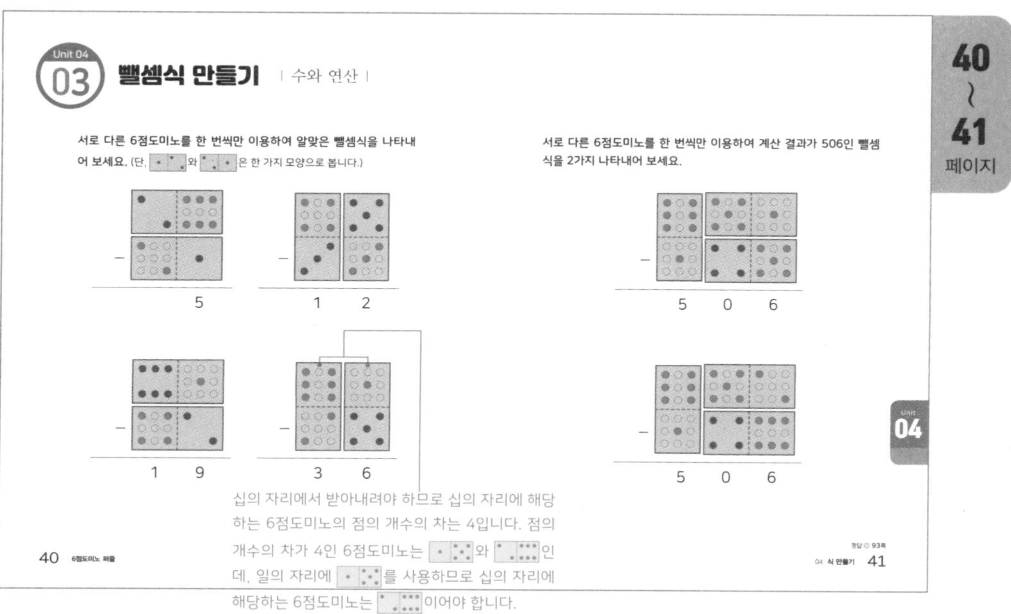
40 ~ 41 페이지
Unit 04
03 뺄셈식 만들기 | 수와 연산 |
서로 다른 6점도미노를 한 번씩만 이용하여 알맞은 뺄셈식을 나타내어 보세요. (단, 와 은 한 가지 모양으로 봅니다.)
5
1 2
1 9
3 6
십의 자리에서 받아내려야 하므로 십의 자리에 해당하는 6점도미노의 점의 개수의 차는 4입니다. 점의 개수의 차가 4인 6점도미노는 와 인데, 일의 자리에 를 사용하므로 십의 자리에 해당하는 6점도미노는 이어야 합니다.
서로 다른 6점도미노를 한 번씩만 이용하여 계산 결과가 506인 뺄셈식을 2가지 나타내어 보세요.
5 0 6
5 0 6
40 6점도미노 퍼즐
04 식 만들기 41

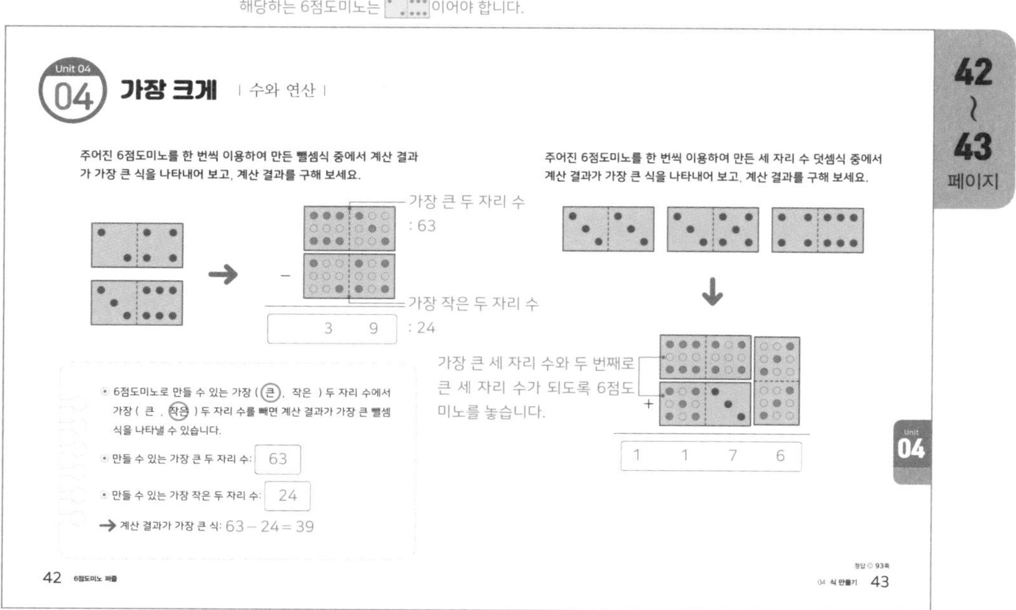
42 ~ 43 페이지
Unit 04
04 가장 크게 | 수와 연산 |
주어진 6점도미노를 한 번씩 이용하여 만든 뺄셈식 중에서 계산 결과가 가장 큰 식을 나타내어 보고, 계산 결과를 구해 보세요.
가장 큰 두 자리 수 : 63
가장 작은 두 자리 수 : 24
3 9
6점도미노로 만들 수 있는 가장 (큰, 작은) 두 자리 수에서 가장 (큰, 작은) 두 자리 수를 빼면 계산 결과가 가장 큰 뺄셈식을 나타낼 수 있습니다.
만들 수 있는 가장 큰 두 자리 수: 63
만들 수 있는 가장 작은 두 자리 수: 24
→ 계산 결과가 가장 큰 식: 63 − 24 = 39
주어진 6점도미노를 한 번씩 이용하여 만든 세 자리 수 덧셈식 중에서 계산 결과가 가장 큰 식을 나타내어 보고, 계산 결과를 구해 보세요.
가장 큰 세 자리 수와 두 번째로 큰 세 자리 수가 되도록 6점도미노를 놓습니다.
1 1 7 6
42 6점도미노 퍼즐
04 식 만들기 43

배열 퍼즐 ② | 수와 연산 |

46 ~ 47 페이지

01 세 수의 합 | 수와 연산 |

주어진 구슬 5개를 한 번씩 이용하여 세 수의 합이 같아지도록 만들어 보세요.

⊙ 세 수의 합: 10

1 2 3 4 5

1 + 4 + 5 = 10

2 + 3 + 5 = 10

두 번 나온 수 5

예 1, 2, 5, 3, 4

⊙ 세 수의 합: 15

3 4 5 6 7

3 + 5 + 7 = 15

4 + 5 + 6 = 15

두 번 나온 수 5

예 4, 3, 5, 7, 6

주어진 구슬 6개를 한 번씩 이용하여 한 줄에 놓인 세 수의 합이 각각 11이 되도록 만들어 보세요.

1 2 3 4 5 6 → 예 2, 5, 3, 4, 1, 6

⊙ 세 수의 합이 11인 식 3가지를 찾습니다.

1 + 4 + 6 = 11, 2 + 3 + 6 = 11, 2 + 4 + 5 = 11

⊙ 위의 식에서 두 번 나온 수인 2, 4, 6을 모서리에 넣습니다.

⊙ 한 줄에 놓인 세 수의 합이 각각 11이 되도록 나머지 수를 넣습니다.

46 6점도미노 퍼즐

정답 94쪽

05 배열 퍼즐 ② 47

48 ~ 49 페이지

02 덧셈 배열 ① | 수와 연산 |

서로 다른 6점도미노 4개를 다음과 같은 모양으로 놓았습니다. 가로줄과 세로줄에 있는 점의 개수의 합이 각각 ▢ 안의 수가 되도록 빈 곳에 알맞은 개수의 점을 나타내어 보세요.

8

9

주어진 6점도미노를 제시된 모양으로 놓으려고 합니다. 가로줄과 세로줄에 있는 점의 개수의 합이 각각 ▢ 안의 수가 되도록 빈 곳에 알맞은 개수의 점을 나타내어 보세요.

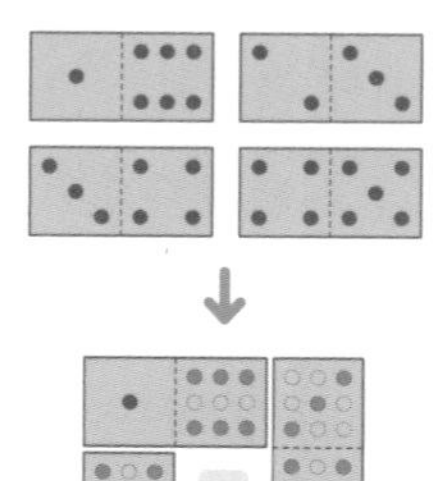

48 6점도미노 퍼즐

정답 94쪽

05 배열 퍼즐 ② 49

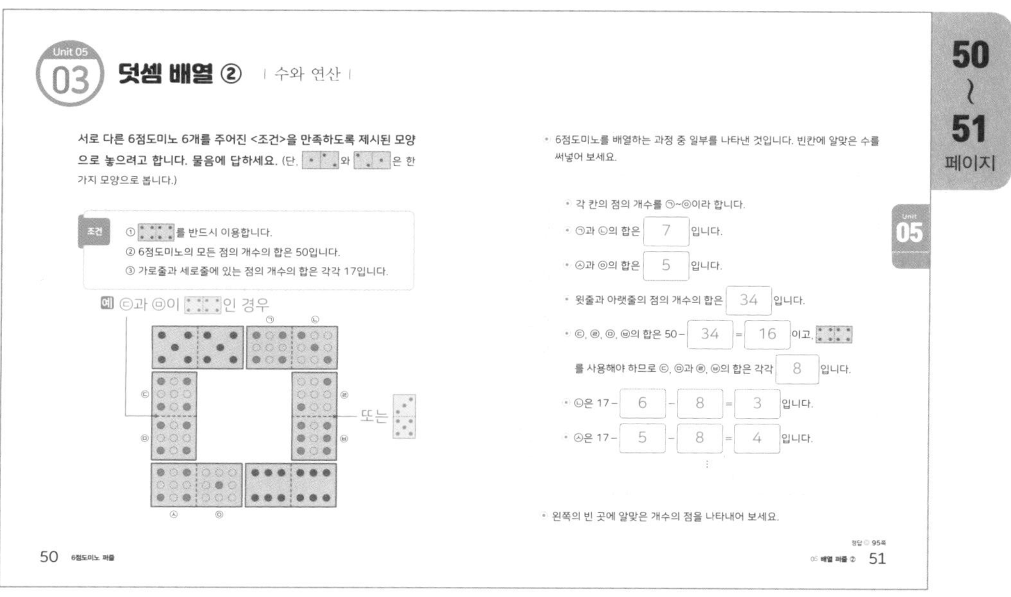
50 ~ 51 페이지

Unit 05 03 덧셈 배열 ② | 수와 연산 |

서로 다른 6점도미노 6개를 주어진 <조건>을 만족하도록 제시된 모양으로 놓으려고 합니다. 물음에 답하세요. (단, 와 은 한 가지 모양으로 봅니다.)

조건
① 를 반드시 이용합니다.
② 6점도미노의 모든 점의 개수의 합은 50입니다.
③ 가로줄과 세로줄에 있는 점의 개수의 합은 각각 17입니다.

예 ⓒ과 ⓓ이 인 경우

또는

- 6점도미노를 배열하는 과정 중 일부를 나타낸 것입니다. 빈칸에 알맞은 수를 써넣어 보세요.
  - 각 칸의 점의 개수를 ㉠~ⓞ이라 합니다.
  - ㉠과 ㉡의 합은 7입니다.
  - ⓢ과 ⓞ의 합은 5입니다.
  - 윗줄과 아랫줄의 점의 개수의 합은 34입니다.
  - ⓒ, ⓡ, ⓓ, ⓗ의 합은 50 − 34 = 16이고, 를 사용해야 하므로 ⓒ, ⓓ과 ⓡ, ⓗ의 합은 각각 8입니다.
  - ㉡은 17 − 6 − 8 = 3입니다.
  - ⓢ은 17 − 5 − 8 = 4입니다.
- 왼쪽의 빈 곳에 알맞은 개수의 점을 나타내어 보세요.

50 6점도미노 퍼즐 정답 95쪽 05 배열 퍼즐 ② 51

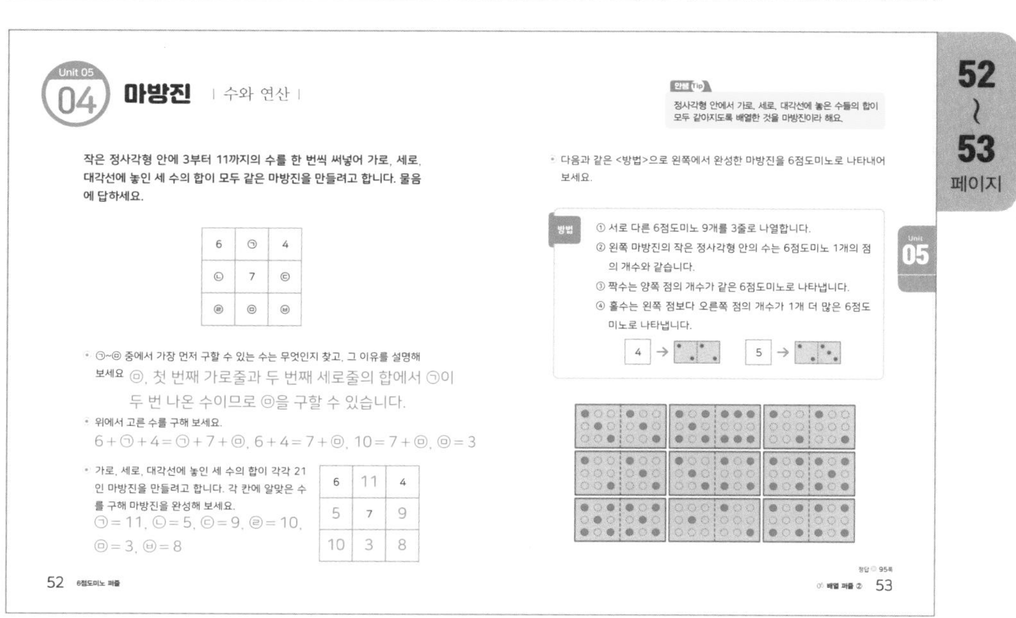
52 ~ 53 페이지

Unit 05 04 마방진 | 수와 연산 |

작은 정사각형 안에 3부터 11까지의 수를 한 번씩 써넣어 가로, 세로, 대각선에 놓인 세 수의 합이 모두 같은 마방진을 만들려고 합니다. 물음에 답하세요.

6	㉠	4
㉡	7	㉢
㉣	㉤	㉥

- ㉠~㉥ 중에서 가장 먼저 구할 수 있는 수는 무엇인지 찾고, 그 이유를 설명해 보세요. ㉤, 첫 번째 가로줄과 두 번째 세로줄의 합에서 ㉠이 두 번 나온 수이므로 ㉤을 구할 수 있습니다.
- 위에서 고른 수를 구해 보세요. 6 + ㉠ + 4 = ㉠ + 7 + ㉤, 6 + 4 = 7 + ㉤, 10 = 7 + ㉤, ㉤ = 3
- 가로, 세로, 대각선에 놓인 세 수의 합이 각각 21인 마방진을 만들려고 합니다. 각 칸에 알맞은 수를 구해 마방진을 완성해 보세요. ㉠ = 11, ㉡ = 5, ㉢ = 9, ㉣ = 10, ㉤ = 3, ㉥ = 8

6	11	4
5	7	9
10	3	8

안쌤 Tip
정사각형 안에서 가로, 세로, 대각선에 놓은 수들의 합이 모두 같아지도록 배열한 것을 마방진이라 해요.

- 다음과 같은 <방법>으로 왼쪽에서 완성한 마방진을 6점도미노로 나타내어 보세요.

방법
① 서로 다른 6점도미노 9개를 3줄로 나열합니다.
② 왼쪽 마방진의 작은 정사각형 안의 수는 6점도미노 1개의 점의 개수와 같습니다.
③ 짝수는 양쪽 점의 개수가 같은 6점도미노로 나타냅니다.
④ 홀수는 왼쪽 점보다 오른쪽 점의 개수가 1개 더 많은 6점도미노로 나타냅니다.
4 → 5 →

52 6점도미노 퍼즐 정답 95쪽 05 배열 퍼즐 ② 53

Unit

06 배수 | 수와 연산 |

56 ~ 57 페이지

Unit 06 01 배수 알아보기 | 수와 연산 |

4의 몇 배를 곱셈식으로 알아보세요.

$4\times1=4$ → 4를 1배 한 수는 4입니다.

$4\times2=$ [8] → 4를 2배 한 수는 [8]입니다.

$4\times3=$ [12] → 4를 [3]배 한 수는 [12]입니다.

⋮

- 4, 8, 12, …는 4를 [1]배, [2]배, [3]배, … 한 수입니다.
- 4, 8, 12, …는 [4]로 나누어떨어집니다.
- 4, 8, 12, …는 [4]의 배수입니다.

→ 어떤 수를 1배, 2배, 3배, … 한 수를 그 수의 [배수]라 합니다.

다음은 6점도미노로 만든 네 자리 수를 나타낸 것입니다. 이와 같은 방법으로 6점도미노로 만든 수를 쓰고, 5의 배수에 ○표 해 보세요.

천의 자리 백의 자리 십의 자리 일의 자리 → 1234

6점도미노	수	5의 배수
	1265	○
	3446	
	5565	○

? 어떤 수가 5의 배수인지 알 수 있는 방법을 설명해 보세요.

예 ·일의 자리 숫자가 5입니다.
·5로 나누어떨어집니다.

58 ~ 59 페이지

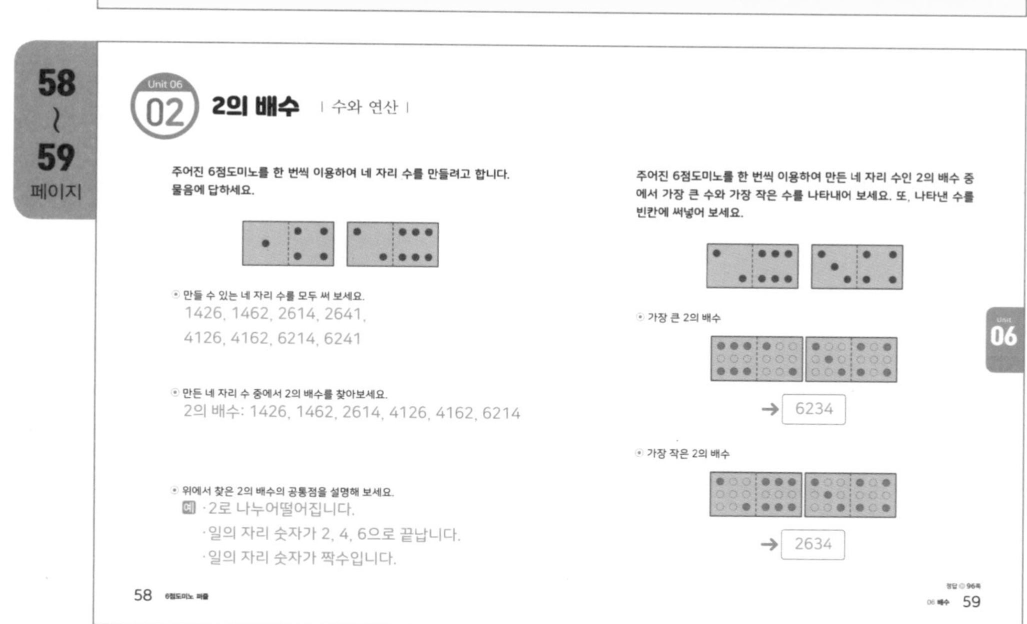

Unit 06 02 2의 배수 | 수와 연산 |

주어진 6점도미노를 한 번씩 이용하여 네 자리 수를 만들려고 합니다. 물음에 답하세요.

- 만들 수 있는 네 자리 수를 모두 써 보세요.
  1426, 1462, 2614, 2641,
  4126, 4162, 6214, 6241
- 만든 네 자리 수 중에서 2의 배수를 찾아보세요.
  2의 배수: 1426, 1462, 2614, 4126, 4162, 6214
- 위에서 찾은 2의 배수의 공통점을 설명해 보세요.
  예 ·2로 나누어떨어집니다.
  ·일의 자리 숫자가 2, 4, 6으로 끝납니다.
  ·일의 자리 숫자가 짝수입니다.

주어진 6점도미노를 한 번씩 이용하여 만든 네 자리 수인 2의 배수 중에서 가장 큰 수와 가장 작은 수를 나타내어 보세요. 또, 나타낸 수를 빈칸에 써넣어 보세요.

- 가장 큰 2의 배수
  → 6234
- 가장 작은 2의 배수
  → 2634

58 6점도미노 퍼즐

정답 ◎ 96쪽 06 배수 59

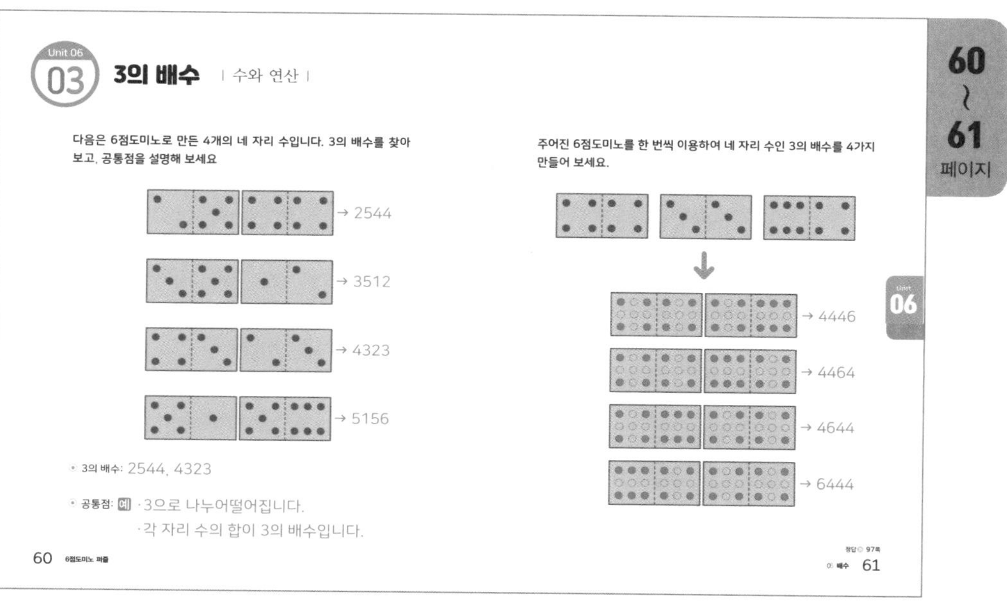
Unit 06
03 3의 배수 | 수와 연산 |
다음은 6점도미노로 만든 4개의 네 자리 수입니다. 3의 배수를 찾아 보고, 공통점을 설명해 보세요.
→ 2544
→ 3512
→ 4323
→ 5156
3의 배수: 2544, 4323
공통점: 예 ·3으로 나누어떨어집니다.
·각 자리 수의 합이 3의 배수입니다.
주어진 6점도미노를 한 번씩 이용하여 네 자리 수인 3의 배수를 4가지 만들어 보세요.
→ 4446
→ 4464
→ 4644
→ 6444
60 6점도미노 퍼즐
정답 97쪽
③ 배수 61
60 ~ 61 페이지
Unit 06

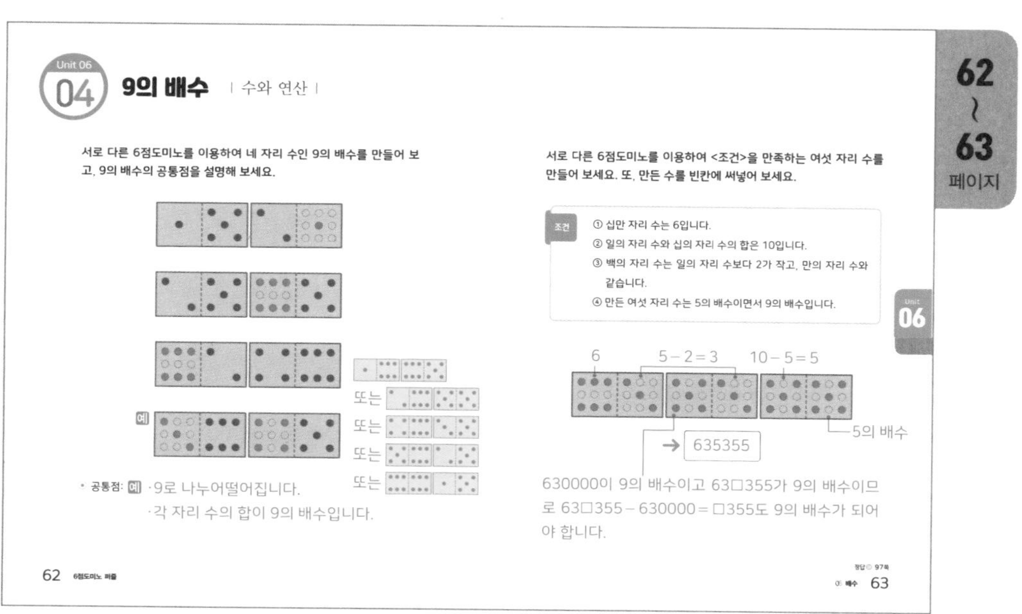
Unit 06
04 9의 배수 | 수와 연산 |
서로 다른 6점도미노를 이용하여 네 자리 수인 9의 배수를 만들어 보고, 9의 배수의 공통점을 설명해 보세요.
예
또는
또는
또는
또는
공통점: 예 ·9로 나누어떨어집니다.
·각 자리 수의 합이 9의 배수입니다.
서로 다른 6점도미노를 이용하여 <조건>을 만족하는 여섯 자리 수를 만들어 보세요. 또, 만든 수를 빈칸에 써넣어 보세요.
조건
① 십만 자리 수는 6입니다.
② 일의 자리 수와 십의 자리 수의 합은 10입니다.
③ 백의 자리 수는 일의 자리 수보다 2가 작고, 만의 자리 수와 같습니다.
④ 만든 여섯 자리 수는 5의 배수이면서 9의 배수입니다.
6
5 − 2 = 3
10 − 5 = 5
5의 배수
→ 635355
630000이 9의 배수이고 63□355가 9의 배수이므로 63□355 − 630000 = □355도 9의 배수가 되어야 합니다.
62 6점도미노 퍼즐
정답 97쪽
③ 배수 63
62 ~ 63 페이지
Unit 06

Unit

07 주사위 전개도 | 도형 |

66 ~ 67 페이지

Unit 07

01 주사위의 눈 | 도형 |

주사위의 보이지 않는 면의 눈의 수를 구해 보세요.

정육면체로 된 주사위에는 1, 2, 3, 4, 5, 6을 나타내는 6개의 눈이 있습니다. 주사위 눈의 위치에는 7점 원리라는 규칙이 있습니다. 7점 원리란 주사위의 서로 마주 보는 두 면의 눈의 수의 합이 반드시 7이 되는 것으로 눈의 수가 1인 면과 마주 보는 면의 눈의 수는 6, 2인 면과 마주 보는 면의 눈의 수는 [5], 3인 면과 마주 보는 면의 눈의 수는 [4]입니다.

⊙ 주사위 바닥면에 적힌 눈의 수를 구해 보세요.

[3] [1]

⊙ 3개의 주사위 바닥면에 적힌 눈의 수의 합을 구해 보세요.

[11]

4 5 2

$4+5+2=11$

※ 주사위의 전개도(105쪽)를 학습에 활용해 보세요.

주사위의 전개도로 알맞은 것에 ○표 하세요.

(단, 주사위의 서로 마주 보는 두 면의 눈의 수의 합은 7입니다.)

(○)

(   )

(○)

정답 ○ 98쪽

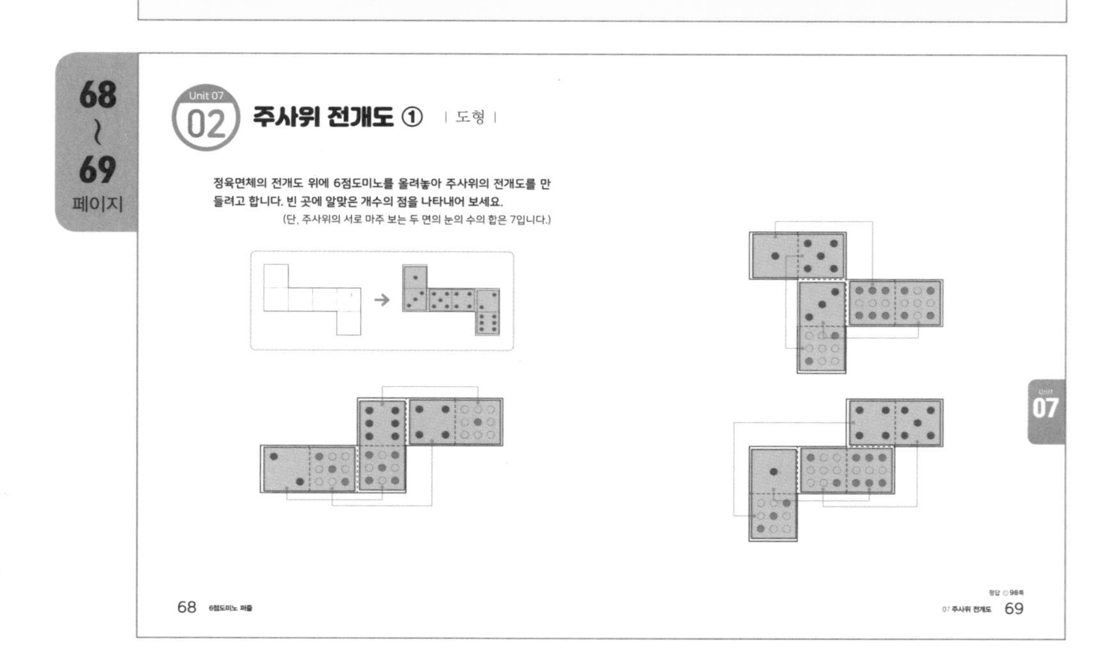

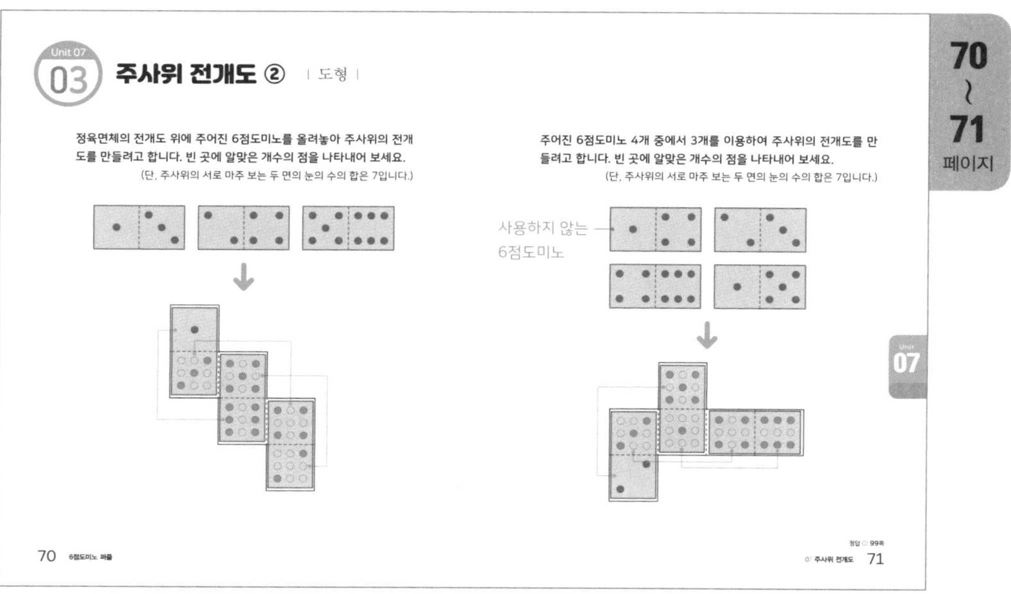
70 ~ 71 페이지
Unit 07
03 주사위 전개도 ② | 도형 |
정육면체의 전개도 위에 주어진 6점도미노를 올려놓아 주사위의 전개도를 만들려고 합니다. 빈 곳에 알맞은 개수의 점을 나타내어 보세요.
(단, 주사위의 서로 마주 보는 두 면의 눈의 수의 합은 7입니다.)
주어진 6점도미노 4개 중에서 3개를 이용하여 주사위의 전개도를 만들려고 합니다. 빈 곳에 알맞은 개수의 점을 나타내어 보세요.
(단, 주사위의 서로 마주 보는 두 면의 눈의 수의 합은 7입니다.)
사용하지 않는 6점도미노
Unit 07
70 6점도미노 퍼즐
정답 99쪽
07 주사위 전개도 71

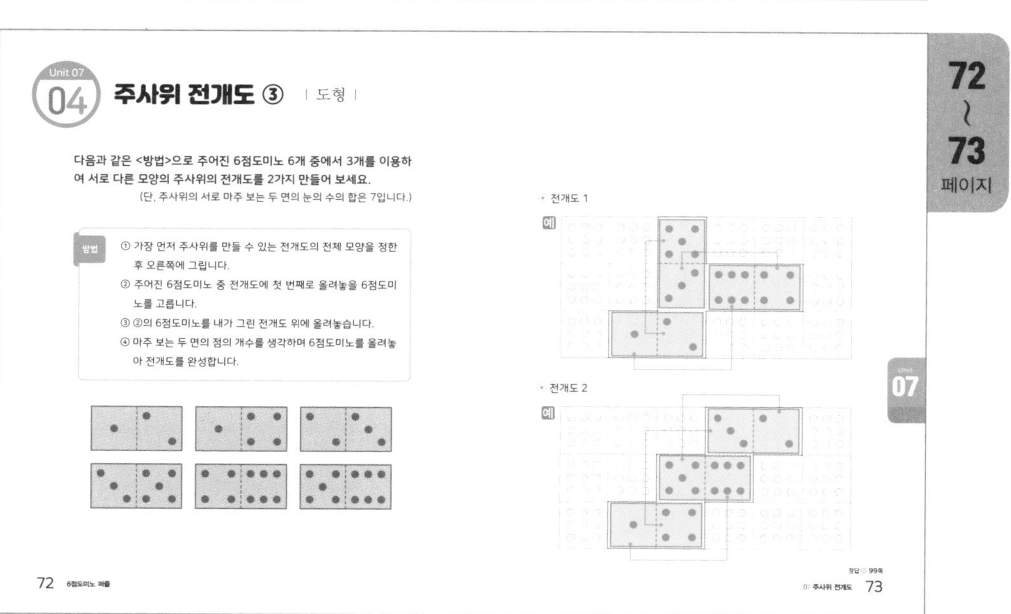
72 ~ 73 페이지
Unit 07
04 주사위 전개도 ③ | 도형 |
다음과 같은 <방법>으로 주어진 6점도미노 6개 중에서 3개를 이용하여 서로 다른 모양의 주사위의 전개도를 2가지 만들어 보세요.
(단, 주사위의 서로 마주 보는 두 면의 눈의 수의 합은 7입니다.)
방법
① 가장 먼저 주사위를 만들 수 있는 전개도의 전체 모양을 정한 후 오른쪽에 그립니다.
② 주어진 6점도미노 중 전개도에 첫 번째로 올려놓을 6점도미노를 고릅니다.
③ ②의 6점도미노를 내가 그린 전개도 위에 올려놓습니다.
④ 마주 보는 두 면의 점의 개수를 생각하여 6점도미노를 올려놓아 전개도를 완성합니다.
전개도 1
예
전개도 2
예
Unit 07
72 6점도미노 퍼즐
정답 99쪽
07 주사위 전개도 73

6점도미노 퍼즐 | 문제 해결 |

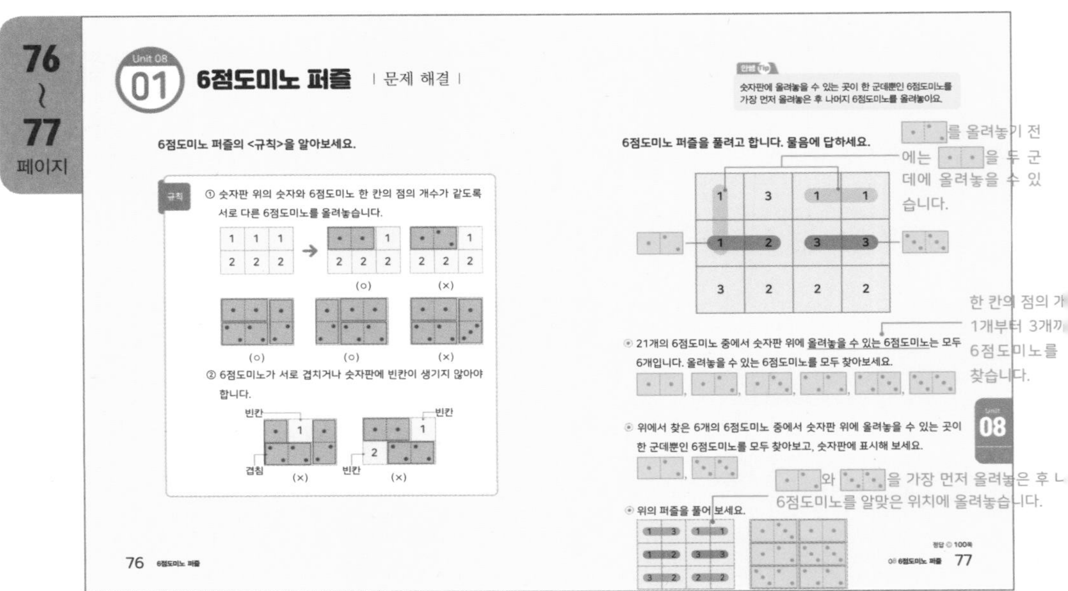

78 ~ 79 페이지

Unit 08 02 4×5 퍼즐 ① | 문제 해결 |

6점도미노 퍼즐을 풀어 보세요.

두 번째 — 첫 번째 — 세 번째 — 네 번째

2	1	1	2
3	4	3	1
2	2	1	4
4	3	4	3
2	3	4	1

⊙ 숫자판 위에 올려놓을 수 있는 6점도미노는 모두 10개입니다. 숫자판 위에 올려놓을 수 있는 6점도미노를 모두 찾아보세요.

⊙ 퍼즐을 풀 때 숫자판 위에 6점도미노를 올려놓는 방법을 설명해 보세요.

- ⊙ [도미노]을 6점도미노 (1, 1)로 나타냅니다.
- ⊙ 첫 번째로 숫자판 위에 올려놓을 수 있는 곳이 한 군데뿐인 6점도미노 (1, 1), (2, 2), (3, 3), (4, 4)를 가장 먼저 올려놓았습니다.
- ⊙ 두 번째로 숫자판 위에 올려놓을 수 있는 곳이 한 군데뿐인 6점도미노 (1, 2), (2, 3), (2, 4)를 올려놓았습니다.
- ⊙ 세 번째로 숫자판 위에 올려놓을 수 있는 곳이 한 군데뿐인 6점도미노 (1, 4)를 올려놓았습니다.
- ⊙ 네 번째로 남은 6점도미노 (1, 3), (3, 4)를 올려놓았습니다.

78 6점도미노 퍼즐

정답 ◎ 100쪽

08 6점도미노 퍼즐 79

80 ~ 81 페이지

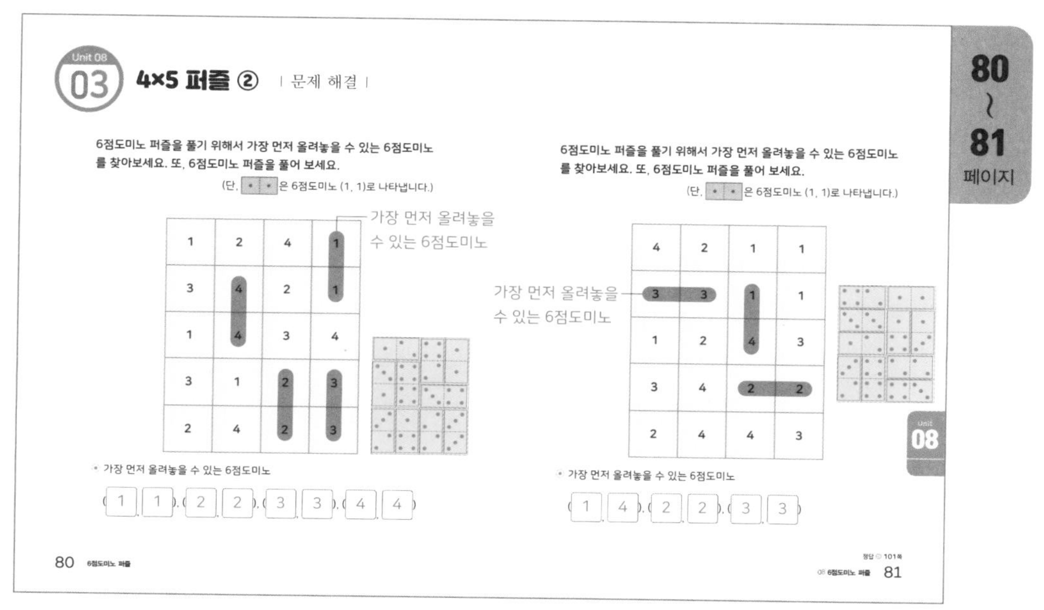

Unit 08 03 4×5 퍼즐 ② | 문제 해결 |

6점도미노 퍼즐을 풀기 위해서 가장 먼저 올려놓을 수 있는 6점도미노를 찾아보세요. 또, 6점도미노 퍼즐을 풀어 보세요.
(단, 은 6점도미노 (1, 1)로 나타냅니다.)

1	2	4	1
3	4	2	1
1	4	3	4
3	1	2	3
2	4	2	3

가장 먼저 올려놓을 수 있는 6점도미노

• 가장 먼저 올려놓을 수 있는 6점도미노
(1, 1), (2, 2), (3, 3), (4, 4)

6점도미노 퍼즐을 풀기 위해서 가장 먼저 올려놓을 수 있는 6점도미노를 찾아보세요. 또, 6점도미노 퍼즐을 풀어 보세요.
(단, 은 6점도미노 (1, 1)로 나타냅니다.)

4	2	1	1
3	3	1	1
1	2	4	3
3	4	2	2
2	4	4	3

가장 먼저 올려놓을 수 있는 6점도미노

• 가장 먼저 올려놓을 수 있는 6점도미노
(1, 4), (2, 2), (3, 3)

80 6점도미노 퍼즐
정답 101쪽
08 6점도미노 퍼즐 81

82 ~ 83 페이지

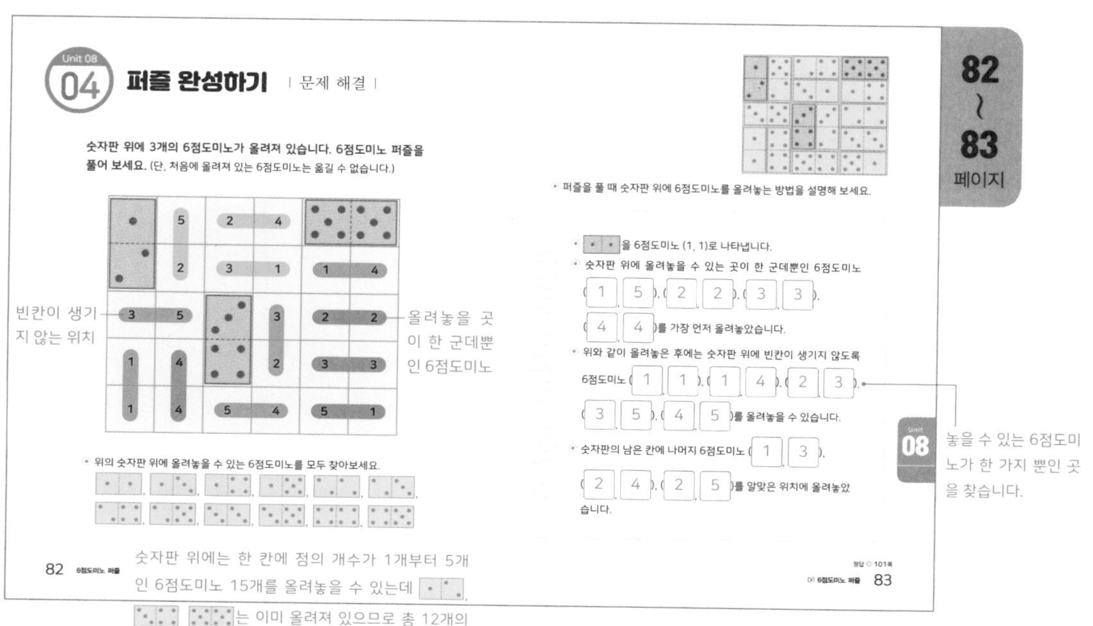

Unit 08 04 퍼즐 완성하기 | 문제 해결 |

숫자판 위에 3개의 6점도미노가 올려져 있습니다. 6점도미노 퍼즐을 풀어 보세요. (단, 처음에 올려져 있는 6점도미노는 옮길 수 없습니다.)

빈칸이 생기지 않는 위치

올려놓을 곳이 한 군데뿐인 6점도미노

• 위의 숫자판 위에 올려놓을 수 있는 6점도미노를 모두 찾아보세요.

• 퍼즐을 풀 때 숫자판 위에 6점도미노를 올려놓는 방법을 설명해 보세요.

• 을 6점도미노 (1, 1)로 나타냅니다.
• 숫자판 위에 올려놓을 수 있는 곳이 한 군데뿐인 6점도미노 (1, 5), (2, 2), (3, 3), (4, 4)를 가장 먼저 올려놓았습니다.
• 위와 같이 올려놓은 후에는 숫자판 위에 빈칸이 생기지 않도록 6점도미노 (1, 1), (1, 4), (2, 3), (3, 5), (4, 5)를 올려놓을 수 있습니다.
• 숫자판의 남은 칸에 나머지 6점도미노 (1, 3), (2, 4), (2, 5)를 알맞은 위치에 올려놓았습니다.

놓을 수 있는 6점도미노가 한 가지 뿐인 곳을 찾습니다.

82 6점도미노 퍼즐
정답 101쪽
08 6점도미노 퍼즐 83

숫자판 위에는 한 칸에 점의 개수가 1개부터 5개인 6점도미노 15개를 올려놓을 수 있는데 , , 는 이미 올려져 있으므로 총 12개의 6점도미노를 올려놓을 수 있습니다.

퍼즐
수학 사고력
UP!
MEMO

6점도미노

※ 6점도미노를 가위로 오려 사용하세요.

자르는 선

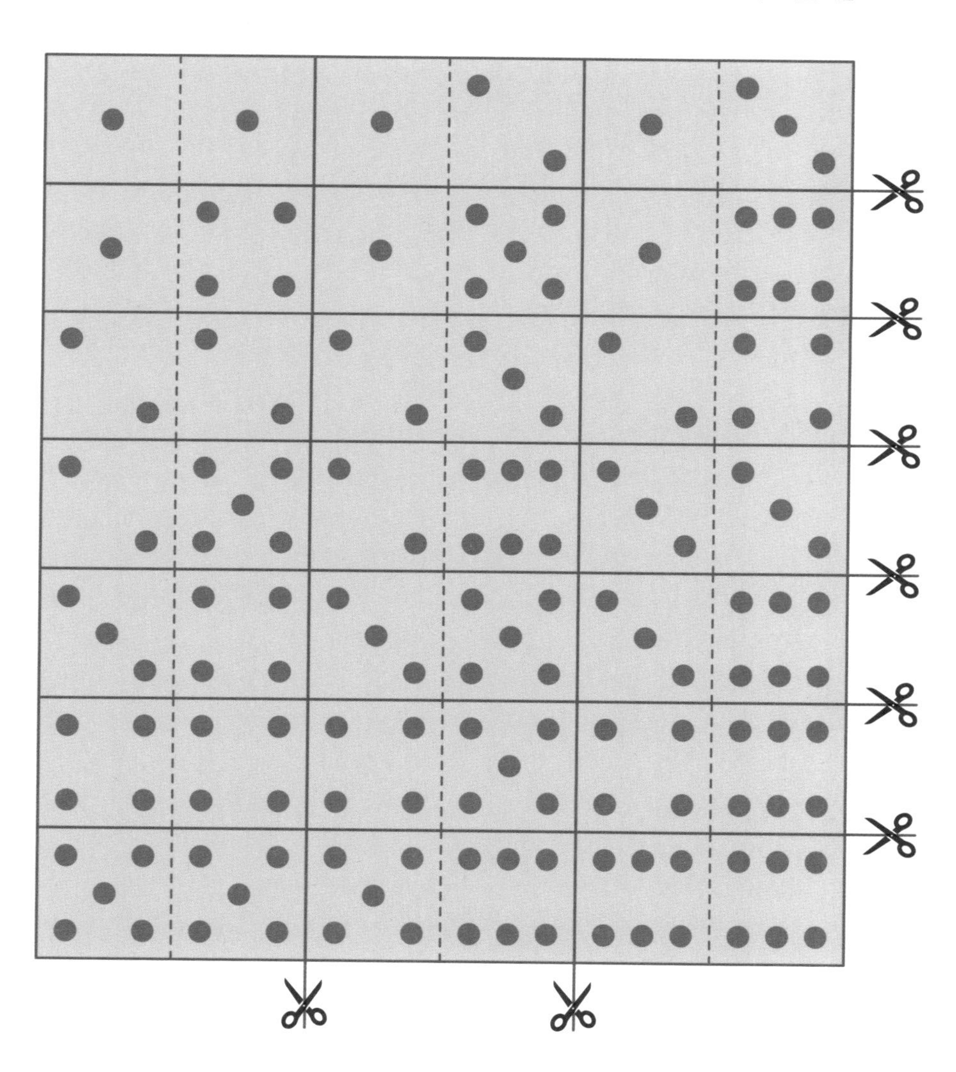

자르는 선

주사위의 전개도

※ 전개도를 가위로 오려 주사위를 만들어 보세요.

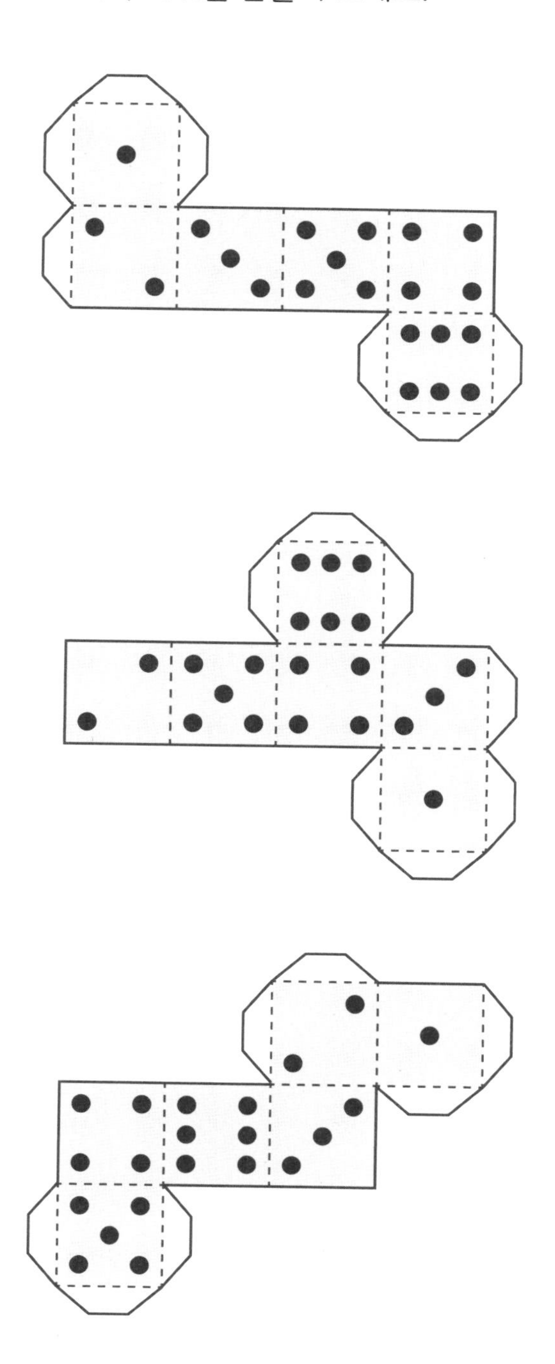

자르는 선

좋은 책을 만드는 길, 독자님과 함께 하겠습니다.

안쌤의 사고력 수학 퍼즐 6점도미노 퍼즐 <초등>

초판발행	2023년 04월 05일 (인쇄 2023년 02월 28일)
발행인	박영일
책임편집	이해욱
편저	안쌤 영재교육연구소
편집진행	이미림 · 이여진 · 피수민
표지디자인	조혜령
편집디자인	최혜윤
발행처	(주)시대교육
공급처	(주)시대고시기획
출판등록	제10-1521호
주소	서울시 마포구 큰우물로 75 [도화동 538 성지 B/D] 9F
전화	1600-3600
팩스	02-701-8823
홈페이지	www.sdedu.co.kr

ISBN	979-11-383-4571-2 (63410)
정가	12,000원

SD에듀가 준비한 특별한 학생을 위한, 최상의 학습 시리즈

1 안쌤의 사고력 수학 퍼즐 시리즈

- 17가지 교구를 활용한 퍼즐 형태의 신개념 학습서
- 집중력, 두뇌 회전력, 수학 사고력 동시 향상

2 안쌤의 STEAM + 창의사고력 수학 100제, 과학 100제 시리즈

- 영재성검사 기출문제
- 창의사고력 실력다지기 100제
- 초등 1~6학년, 중등

8 AI와 함께하는 영재교육원 면접 특강

- 영재교육원 면접의 이해와 전략
- 각 분야별 면접 문항
- 영재교육 전문가들의 연습문제

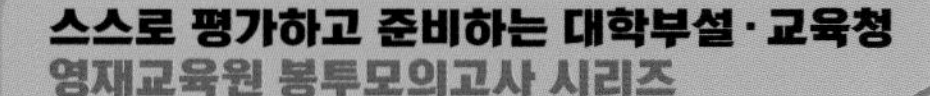

7 스스로 평가하고 준비하는 대학부설·교육청 영재교육원 봉투모의고사 시리즈

- 영재교육원 집중 대비 · 실전 모의고사 3회분
- 면접 가이드 수록
- 초등 3~6학년, 중등

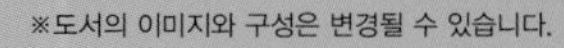

※도서의 이미지와 구성은 변경될 수 있습니다.

SD에듀만의 영재교육원 면접 SOLUTION

영재교육원 AI 면접 온라인 프로그램 무료 체험 쿠폰

도서를 구매한 분들께 드리는 **특별한 혜택**

쿠폰번호
WSS - 77131 - 16257
유효기간 : ~2023년 12월 31일

01 도서의 쿠폰번호를 확인합니다.
02 WIN시대로[https://www.winsidaero.com]에 접속합니다.
03 홈페이지 오른쪽 상단 영재교육원 **AI 면접 배너**를 클릭합니다.
04 회원가입 후 로그인하여 [**쿠폰 등록**]을 클릭합니다.
05 쿠폰번호를 정확히 입력합니다.
06 쿠폰 등록을 완료한 후, [**주문 내역**]에서 이용권을 사용하여 면접을 실시합니다.

※ 무료쿠폰으로 응시한 면접에는 별도의 리포트가 제공되지 않습니다.

영재교육원 AI 면접 온라인 프로그램

01 WIN시대로[https://www.winsidaero.com]에 접속합니다.
02 홈페이지 오른쪽 상단 영재교육원 **AI 면접 배너**를 클릭합니다.
03 회원가입 후 로그인하여 [**상품 목록**]을 클릭합니다.
04 학습자에게 꼭 맞는 다양한 상품을 확인할 수 있습니다.

KakaoTalk **안쌤 영재교육연구소**

안쌤 영재교육연구소에서 준비한 더 많은 면접 대비 상품 (동영상 강의 & 1:1 면접 온라인 컨설팅)을 만나고 싶다면 안쌤 영재교육연구소 카카오톡에 상담해 보세요.